はじめに

　私は、学生のころにラジオから流れる音楽を聴いて、"無いものを手に入れたい"とか、"憧れるものに近づきたい"とか、"知らないことを知りたい"とか、いろいろ想像をめぐらせながら楽しい時間を過ごしていました。当時は現在のようにインターネットが無かったのであまり情報が無く、情報を手に入れること自体が楽しいことでした。そうして音楽をいろいろ聴いているとやはりアメリカから入ってくるものに心を踊らされ、たくさん聴くようになったものです。そんな中で日本の音楽とアメリカの音楽の雰囲気というか、空気感と言うべきか、その聴こえ方が違うように感じることが多くありました。そこで探究心に火がついた私はいろんなレコードを聴きまくり、レコード・クレジットをチェックすることによって、レコードを作るには録音スタジオとエンジニアが重要で、日本とアメリカの音の違いはそこからくるのではないかと考えるようになりました。

　そうこうしているうちに私は社会人となり、幸運にもレコード会社の録音部に就職でき、その音の違いを探求できる環境を得ることができるようになりました。そして、見習いのころから機材や録音技術を勉強し、あのアメリカの音がどのように作られているのか再現してみようといろいろと試みましたが、そう簡単に好きな音になるわけではなく、悔しい思いのまま時間が過ぎていきました。

　そのような日々を送る中で、マスタリングという仕事を通して海外から送られてくるマスター・テープを聴いたり、日本から送った音をアメリカでマスタリングしてもらい両方を聴き比べていく過程でついに気づきました！　日本とアメリカではコンプレッサーという機材の概念や、音を操作するときに聴くポイントが異なり、そのため作り出す音が全く違っていたのです。それから私のコンプレッサーオタク道が始まりました。

　本書では、このようにして始まった私のコンプオタク道の中で培った経験を基に、さまざまな素材に対するコンプ・レシピを紹介しています。この本が皆さんのミックスにおけるコンプ処理の一助になれば幸いです。

2011年8月　早乙女正雄

スグに使えるコンプ・レシピ
CONTENTS

はじめに　*003*
本書の使い方　*010*

序章｜コンプの基礎知識　*011*

01	基本概念	*012*
02	スレッショルド／インプット	*014*
03	ゲイン・リダクション・メーター	*016*
04	メイクアップ・ゲイン／アウトプット	*018*
05	レシオ	*020*
06	ニー	*022*
07	アタック・タイム	*024*
08	リリース・タイム	*026*
09	リミッター	*028*
10	マキシマイザー	*030*
11	ディエッサー	*032*
12	サイド・チェイン	*034*
13	マルチバンド・コンプレッサー	*036*

column　さまざまな動作方式のコンプ①〜オプトと真空管……*038*

第1章｜キック／スネア／タム　*039*

キック編

001A	ポップス〜ナチュラル系	*040*
001B	ポップス〜ファット系	*041*
001C	ポップス〜タイト系	*042*
002A	ロック〜ナチュラル系	*043*
002B	ロック〜ファット系	*044*
002C	ロック〜タイト系	*045*
002D	ロック〜歪み系	*046*
003A	ファンク〜ナチュラル系	*047*
003B	ファンク〜ファット系	*048*
003C	ファンク〜タイト系	*049*
004A	ジャズ〜ナチュラル系	*050*
004B	ジャズ〜ファット系	*051*
004C	ジャズ〜タイト系	*052*
005A	TR-808〜ナチュラル系	*053*
005B	TR-808〜ファット系	*054*
005C	TR-808〜タイト系	*055*
005D	TR-808〜歪み系	*056*
006A	TR-909〜ナチュラル系	*057*
006B	TR-909〜ファット系	*058*

006C	TR-909〜タイト系	059
006D	TR-909〜歪み系	060
007A	ヒップホップ〜アグレッシブ系	061
007B	ヒップホップ〜歪み系	062

スネア編

008A	ポップス〜ナチュラル系	063
008B	ポップス〜ファット系	064
008C	ポップス〜タイト系	065
009A	ロック〜ナチュラル系	066
009B	ロック〜ファット系	067
009C	ロック〜タイト系	068
009D	ロック〜歪み系	069
010A	ファンク〜ナチュラル系	070
010B	ファンク〜ファット系	071
010C	ファンク〜タイト系	072
011A	ジャズ〜ナチュラル系	073
011B	ジャズ〜ファット系	074
011C	ジャズ〜タイト系	075
012A	TR-808〜ナチュラル系	076
012B	TR-808〜ファット系	077
012C	TR-808〜タイト系	078
012D	TR-808〜歪み系	079
013A	TR-909〜ナチュラル系	080
013B	TR-909〜ファット系	081
013C	TR-909〜タイト系	082
013D	TR-909〜歪み系	083

タム編

014A	ナチュラル系	084
014B	ファット系	085
014C	タイト系	086

第2章｜ドラム・キット＆パーカッション　087

8ビート編

015	ポップス系〜スロー・テンポ｜70BPM	088
016	ポップス系〜ミディアム・テンポ｜110BPM	089
017	ポップス系〜アップ・テンポ｜130BPM	090
018	ロック系①〜スロー・テンポ｜70BPM	091
019	ロック系①〜ミディアム・テンポ｜110BPM	092
020	ロック系①〜アップ・テンポ｜130BPM	093
021	ロック系②〜スロー・テンポ｜70BPM	094
022	ロック系②〜ミディアム・テンポ｜110BPM	095
023	ロック系②〜アップ・テンポ｜130BPM	096

16ビート編

024	ファンク系①〜スロー・テンポ｜70BPM	097
025	ファンク系①〜ミディアム・テンポ｜110BPM	098

026	ファンク系①〜アップ・テンポ｜130BPM	099
027	ファンク系②〜スロー・テンポ｜70BPM	100
028	ファンク系②〜ミディアム・テンポ｜110BPM	101
029	ファンク系②〜アップ・テンポ｜130BPM	102
030	ファンク系③〜スロー・テンポ｜70BPM	103
031	ファンク系③〜ミディアム・テンポ｜110BPM	104
032	ファンク系③〜アップ・テンポ｜130BPM	105

クラブ・ミュージック編

033	ハウス系①	106
034	ハウス系②	107
035	ハウス系③	108
036	クラブ・ジャズ	109
037	テクノ系①	110
038	テクノ系②	111
039	テクノ系③	112
040	ブレイクビーツ系①	113
041	ブレイクビーツ系②	114
042	ブレイクビーツ系③	115
043	ヒップホップ系①	116
044	ヒップホップ系②	117
045	エレクトロ系①	118
046	エレクトロ系②	119
047	エレクトロ系③	120
048	ドラムンベース系①	121
049	ドラムンベース系②	122
050	ダブステップ系①	123
051	ダブステップ系②	124

パーカッション編

052	コンガ	125
053	ボンゴ	126
054	シェイカー	127
055	アゴゴ	128
056	複数パーカッションのパターン①	129
057	複数パーカッションのパターン②	130
058	複数パーカッションのパターン③	131

column さまざまな動作方式のコンプ②〜FETとVCA ... 132

第3章｜ドラムへの応用例 133

2段掛け編

| 059 | コンプ済みパートをグループ化してさらに加工 | 134 |
| 060 | 028のコンプ加工ドラムへさらにコンプ！ | 135 |

グルーブ・コントロール編

061	ハイハットのノリを変える①	136
062	ハイハットのノリを変える②	137
063	ハイハットのノリを変える③	138

064	8ビートのノリを変える①	139
065	8ビートのノリを変える②	140
066	16ビートのノリを変える①	141
067	16ビートのノリを変える②	142

マルチバンド・コンプ編
| 068 | 帯域別に質感と音圧を調整① | 143 |
| 069 | 帯域別に質感と音圧を調整② | 144 |

ディエッサー編
| 070 | 高域の質感を調整 | 145 |

アンビエント編
| 071 | 空気感を強調する | 146 |

第4章 | ベース　147

エレキ・ベース編
072	ポップス系〜スロー・テンポ	70BPM	148
073	ポップス系〜ミディアム・テンポ	105BPM	149
074	ポップス系〜アップ・テンポ	125BPM	150
075	ロック系〜スロー・テンポ	70BPM	151
076	ロック系〜ミディアム・テンポ	105BPM	152
077	ロック系〜アップ・テンポ	125BPM	153
078	ファンク系〜スロー・テンポ	72BPM	154
079	ファンク系〜ミディアム・テンポ	105BPM	155
080	ファンク系〜アップ・テンポ	125BPM	156

ウッド・ベース編
| 081 | 4ビート系 | 157 |
| 082 | 2ステップ系 | 158 |

シンセ・ベース編
083	ノコギリ波系①	159
084	ノコギリ波系②	160
085	ノコギリ波系③	161
086	スクエア系①	162
087	スクエア系②	163
088	サイン波系	164
089	複合系	165
090	TB-303系	166

第5章 | ギター　167

エレキ編
091	カッティング：クリーン系	80BPM	168
092	カッティング：クリーン系	110BPM	169
093	カッティング：クリーン系	125BPM	170
094	カッティング：クランチ系	80BPM	171
095	カッティング：クランチ系	105BPM	172
096	カッティング：クランチ系	125BPM	173

097	カッティング：ディストーション系	80BPM	174
098	カッティング：ディストーション系	105BPM	175
099	カッティング：ディストーション系	160BPM	176
100	リフ：クランチ系	80BPM	177
101	リフ：クランチ系	110BPM	178
102	リフ：ディストーション系	78BPM	179
103	リフ：ディストーション系	160BPM	180
104	ソロ：クランチ系	181
105	ソロ：ディストーション系	182
106	アルペジオ：クリーン系	80BPM	183
107	アルペジオ：クリーン系	110BPM	184
108	アルペジオ：クランチ系	80BPM	185
109	アルペジオ：クランチ系	105BPM	186
110	アルペジオ：ディストーション系	80BPM	187
111	アルペジオ：ディストーション系	110BPM	188

アコギ編

112	カッティング	66BPM	189
113	カッティング	105BPM	190
114	カッティング	125BPM	191
115	アルペジオ	70BPM	192
116	アルペジオ	105BPM	193
117	ソロ〜ブルース系	194
118	指弾き〜ボサノバ風	195

column PEAKタイプとRMSタイプとは？ ... 196

第6章 | キーボード 197

ピアノ編

119	バッキング〜スロー・テンポ	60BPM	198
120	バッキング〜ミディアム・テンポ	105BPM	199
121	バッキング〜アップ・テンポ	125BPM	200

RHODES編

122	バッキング〜スロー・テンポ	70BPM	201
123	バッキング〜ミディアム・テンポ	105BPM	202
124	バッキング〜アップ・テンポ	125BPM	203
125	リフ	204

FMエレピ編

126	バッキング〜スロー・テンポ	60BPM	205
127	バッキング〜ミディアム・テンポ	105BPM	206
128	バッキング〜アップ・テンポ	130BPM	207
129	リフ	208

第7章 | ボーカル 209

メイン・ボーカル編

| 130 | バラード | 210 |

| 131 | ポップス | 211 |
| 132 | ロック | 212 |

ダブル編
133	バラード	213
134	ポップス	214
135	ロック	215

コーラス編
136	バラード	216
137	ポップス	217
138	ロック	218

ディエッサー編
| 139 | 歯擦音を除去 | 219 |

column MSとは？ 220

第8章 | 2ミックス 221

ポップス編
140A	ナチュラル系	222
140B	音圧アップ	223
140C	リバーブ強調	224

ロック編
| 141A | ナチュラル系 | 225 |
| 141B | 音圧アップ | 226 |

クラブ・ミュージック編
| 142A | ナチュラル系 | 227 |
| 142B | 音圧アップ | 228 |

サイド・チェイン編
| 143 | ドラムのタイミングでベースをコンプレッション | 229 |

EQ複合編
| 144 | 質感を補正する | 230 |

MS複合編
| 145A | Sideを広げる | 231 |
| 145B | Midを強調 | 232 |

マルチバンド・コンプ編
146A	ナチュラル系	233
146B	ボーカルをフィーチャー	234
146C	低域を強調	235

マキシマイザー編
| 147A | 音圧アップ① | 236 |
| 147B | 音圧アップ② | 237 |

おわりに　238
DVD-ROM INDEX　240

本書の使い方

　第1章（P39）以降ではコンプレッサー（コンプ）と、その仲間であるディエッサー、マルチバンド・コンプ、マキシマイザーなどのセッティング例を紹介しています。付属DVD-ROMには加工前後のオーディオ・ファイル（16ビット／44.1kHz、WAV）を収録していますので、ご自身のDAWとコンプなどでお試しください。また、コンプの基礎については序章（P11）で解説しています。なお、DVD-ROM収録音源ならびにパラメーター表の作成には下記のプラグインを使用しました。

■コンプレッサー：AVID Compressor / Limiter（Pro Tools 9付属）
■ディエッサー：AVID De-Esser（Pro Tools 9付属）
■マルチバンド・コンプ：NOMAD FACTORY E-3B Compressor
■EQ：AVID EQ III（Pro Tools 9付属）
■MS機能搭載コンプ：ELYSIA Alpha Compressor（プラグイン版）
■マキシマイザー：AVID Maxim

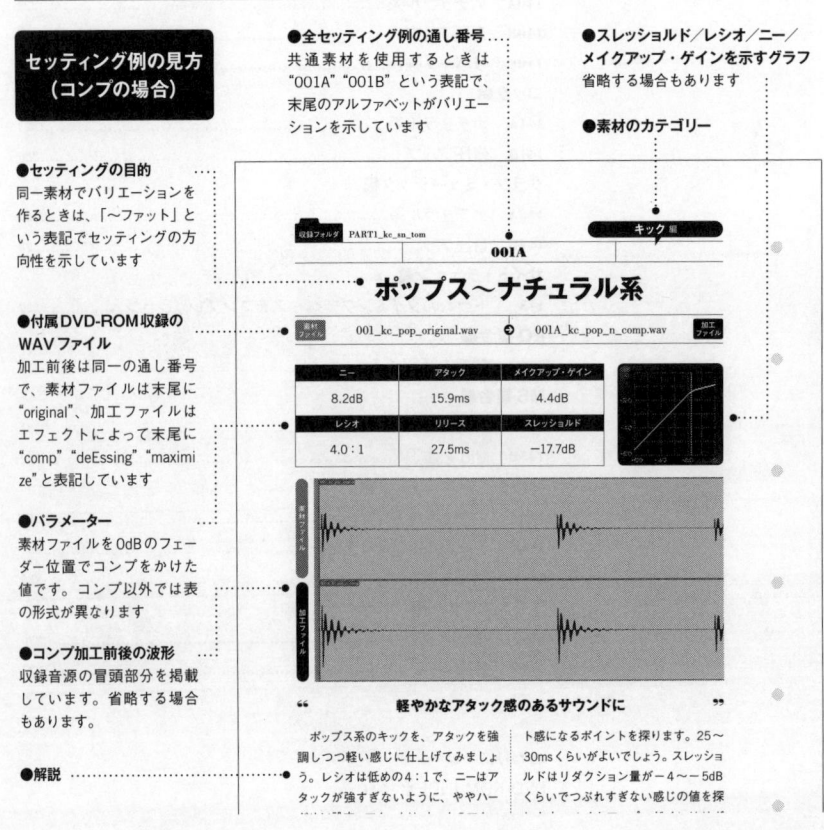

セッティング例の見方（コンプの場合）

●セッティングの目的
同一素材でバリエーションを作るときは、「〜ファット」という表記でセッティングの方向性を示しています

●付属DVD-ROM収録のWAVファイル
加工前後は同一の通し番号で、素材ファイルは末尾に"original"、加工ファイルはエフェクトによって末尾に"comp" "deEssing" "maximize"と表記しています

●パラメーター
素材ファイルを0dBのフェーダー位置でコンプをかけた値です。コンプ以外では表の形式が異なります

●コンプ加工前後の波形
収録音源の冒頭部分を掲載しています。省略する場合もあります

●解説

●全セッティング例の通し番号
共通素材を使用するときは"001A" "001B"という表記で、末尾のアルファベットがバリエーションを示しています

●スレッショルド／レシオ／ニー／メイクアップ・ゲインを示すグラフ
省略する場合もあります

●素材のカテゴリー

序章

コンプの基礎知識

COMPRESSOR BASICS

コンプレッサーは入力音の音量を時間軸に沿って変化させていくエフェクトです。そのため、その効果を頭の中でイメージできるようになるには、とにかく経験を積み重ねていくしかありません。それもやみくもに使ってみるのではなく、各パラメーターの役割を理解した上で使うことが大切です。本章では、そのために必要な知識を基本的なところから解説しています。またコンプには、リミッターやディエッサー、マキシマイザー、マルチバンド・コンプといった同じ動作原理の仲間がいますので、それらについても紹介していきます。

01 基本概念......012
02 スレッショルド/インプット......014
03 ゲイン・リダクション・メーター......016
04 メイクアップ・ゲイン/アウトプット......018
05 レシオ......020
06 ニー......022
07 アタック・タイム......024
08 リリース・タイム......026
09 リミッター......028
10 マキシマイザー......030
11 ディエッサー......032
12 サイド・チェイン......034
13 マルチバンド・コンプレッサー......036

01
基本概念

コンプは音量だけでなく
音質もコントロールできる

音の聴き方が重要

　コンプレッサー(Compressor、以下コンプ)は、一般的には"音量を抑える"とか"音量を一定にして聴きやすくするエフェクト"と言われています。しかし、P3の「はじめに」でも触れたように、アメリカの著名なマスタリング・エンジニアたちは、音量を整えるだけではなく、コンプを使ったときの音質の変化、音の距離感や広がり方をうまくコントロールして音楽をより魅力的に表現するということに主眼を置いているように感じました。その音を聴いたときには"本当にここまでかっこよく変わるのか！"というくらいの衝撃的な感動があったものです。本書を手に取った方の多くも、コンプでかっこいい音を作りたいと考えているのではないでしょうか？
　そこで重要なのは、コンプをかけられたサウンドを聴くときのポイントです。コンプは時間軸に沿って音量をコントロールするエフェクトですが、実は時間と共に変化する音量の中に、複雑な音質の変化も潜んでいます。それをうまく聴き分けて、コンプでコントロールすれば、音楽にさらなる躍動感を与えたり、逆に静寂を与えたりすることもできるようになるのです。

周波数構成の変化に注目しよう

　コンプは入力された素材の音量を、その名の通り"圧縮"します(コンプレッションとも呼びます)。圧縮することにより音の"密度"は濃くなります。味覚にたとえるなら甘いものはより甘く、色でたとえるなら赤いものはより真っ赤になるとイメージしてもらえばいいでしょう。そして、音は圧縮される度合いによって"周波数構成"が変わってくるため、その聴こえ方に変化が生じるのです。これが先述した"複雑な音質の変化"の原因となります(図①)。

序章 | コンプの基礎知識

　音楽はいろいろな楽器が時間の流れに沿って、いろいろな音を奏でているので、常に周波数構成が変化しています。ある一つの楽器でも、プレイヤーの気持ちが演奏に反映されて音量と音色が常に変化していますし、バンド演奏ではバンド全体としてのグルーブ感も含めた音量と音色が常に変化しています。
　コンプはこのような時間の流れと共に変化する音量と音質をコントロールするエフェクトなのです。最初のうちはなかなかそのイメージをつかむのは難しいかもしれませんが、本書を読み進めていくうちにコントロールのコツをつかめるようになると思います。

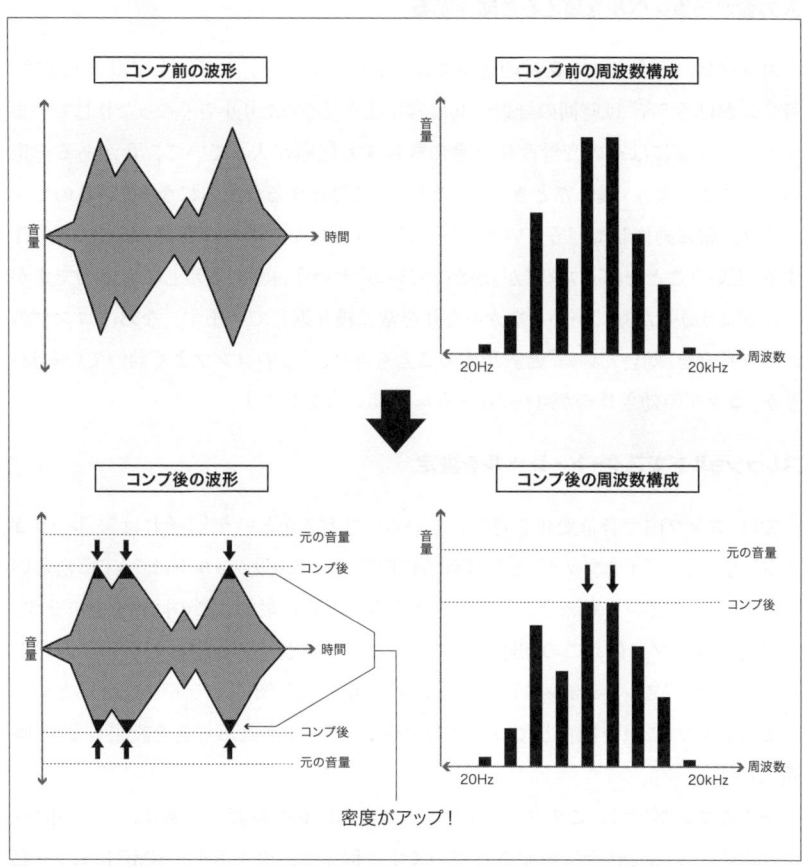

▲図① コンプは音量を圧縮するエフェクトだが、圧縮された音は周波数構成も変化する。しかも、その変化の度合いは時間によって刻々と変化していく

スレッショルド/インプット

コンプは入力された音量によって
オン/オフを繰り返している

入力音があるレベルを超えると動作する

　コンプは、入力された素材の音量変化（レベルの大小）に反応して動作します。音楽における"音"は時間の経過と共に常に大きくなったり小さくなったりしていますが、コンプにはその音量変化を常に監視する回路が入っていて、音がある一定のレベルより大きくなったとき（超えたとき）に動作する仕組みになっているのです。つまり、常に動作しているというわけではありません。プロの現場ではこの"動作する"ということを、"(コンプが)かかっている"という言葉で表現しているのですが、コンプはかかったり、かからなかったりを常に繰り返しています。なお、コンプのかかり具合を"効いている"と表現することもあり、"このコンプよく効いているね"とか"コンプの効き具合が甘い"などという使い方をします。

スレッショルドでスタート・レベルを設定

　では、コンプ内で音量変化を監視しているのはどこかというと、それは"スレッショルド"もしくは"インプット"と呼ばれる回路です。スレッショルドは"入口"あるいは"しきい値"という意味で、コンプに入力された音は最初にこの回路を通ります。一般的なコンプには、この回路でどのように音を監視するか決めるために回路と同じ名前で、"スレッショルド（Threshold）"、もしくは"インプット（Input）"というつまみがあり、これを操作してコンプの動作をスタートさせる音量を設定します(**画面①**)。

　多くのコンプでは、このスレッショルドつまみにレベル表示があり、"－60dB～＋20dB"といった具合に表記されています。例えば、つまみを－10dBにセットした場合は－5dBといったように－10Bを超える音が入力されたらコンプがかかり始

序章 | コンプの基礎知識

め、それより小さい−20dBの音などではかかりません（**図①**）。また、コンプがかかり始めてから、入力音がスレッショルドのレベルを下回ると、コンプは動作を止めます。従って、このスレッショルドつまみの位置が、コンプを動作させるオートマチックなオン／オフ・スイッチとなるわけです。音は時間と共にレベルが常に変化していますから、このスレッショルド・レベルの違いによってコンプがオン／オフされるタイミングも違ってきます。

　また、このオン／オフの情報はP22「06　ニー」で説明するニーという回路へ伝えられます。この回路では"どのようにオン／オフするか"を決めることができるのですが、その設定の違いによってコンプの効き具合がかっこいいとか、甘いとかの表現にもつながるのです。ちなみに、ここでの"オン／オフ"は、電源スイッチのオン／オフとは別の話ですよ。念のため。

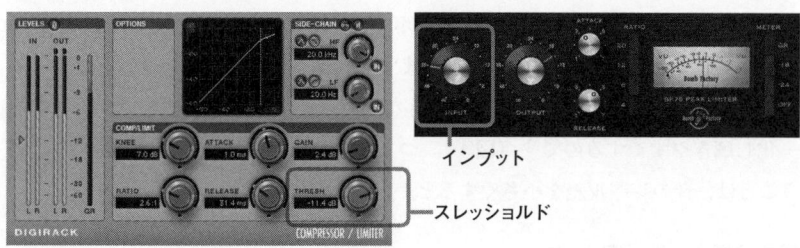

▲画面①　左はAVID Compressor/Limiterのスレッショルドつまみで、右のBOMB FACTORY BF76ではINPUTつまみでスレッショルドを設定する

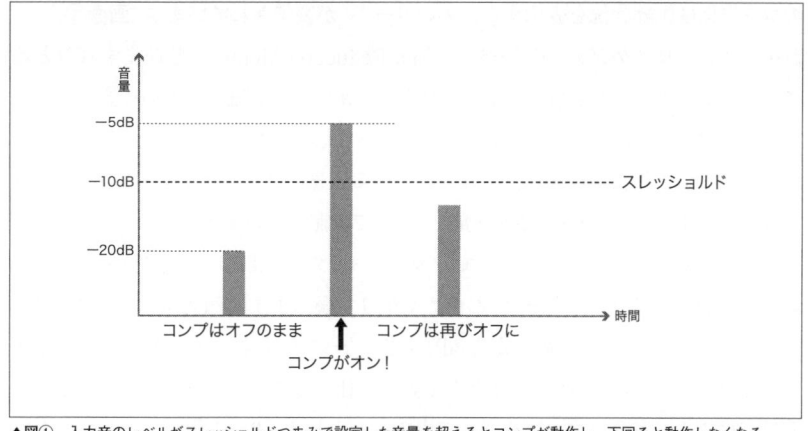

▲図①　入力音のレベルがスレッショルドつまみで設定した音量を超えるとコンプが動作し、下回ると動作しなくなる

03 ゲイン・リダクション・メーター

音量がどれくらい圧縮されているかを
視覚的に確認できるメーター

"圧縮"の重要性を再確認

　コンプは入力音を圧縮することによって音量を変化させますが、P12「01　基本概念」でも述べた通り、そもそもの目的は"音量を一定にして聴きやすくする"ことにあります。例えば、ナレーションやボーカルはフレーズや発音によって、その音量が大きくなったり小さくなったりします。聴き手側としては音量にムラがあると聴き取りづらいので、コンプでは大きな音だけを小さめに圧縮して、音量を均一化し聴きやすくするのです（図①）。つまり、コンプにおいて音を圧縮するということは、音のレベル差を小さくするということです。

圧縮の度合いを示すメーター

　このように、コンプでは"圧縮"という効果がとても重要です。そのため、多くのコンプには圧縮状況を表示するためのメーターが装備されています（画面①）。これをゲイン・リダクション・メーター (Gain Reduction Meter) と呼びます（GRと略されて表記されることもあります）。"リダクション"とは"縮小"という意味で、このメーターでは音がどれくらい縮小、つまり小さく圧縮されているかが時間の流れに沿って表示されます。また、圧縮されている音量のことをゲイン・リダクション量と呼び、本書では"リダクション量"と略して表記しています。

　メーターの単位はdB（デシベル）で、多くのメーターは最初に0dBに位置していて、コンプが動作するとメーターがマイナス方向へ振れます。例えば、メーターが－3dBを表示していれば"元の音から3dB小さくなっています"という意味になります。しかしながら、このメーターの動き方や表示の仕方はすべてのコンプで共通というわけではなく、実際にコンプを通して出てくる音とメーター表示が一致していない

こともあります。そのため、その機種独特のクセを把握してメーターを読み取れるようになることが、好きな音にたどり着くコツをつかむためには大切です。

さらに、このメーターが動くスピードと音の関係を把握することも重要です。経験を積めば、このメーターが0dBから下がるスピードと、0dBへ戻るスピードを見て、各パラメーターを素早く的確に調整できるようになるでしょう。

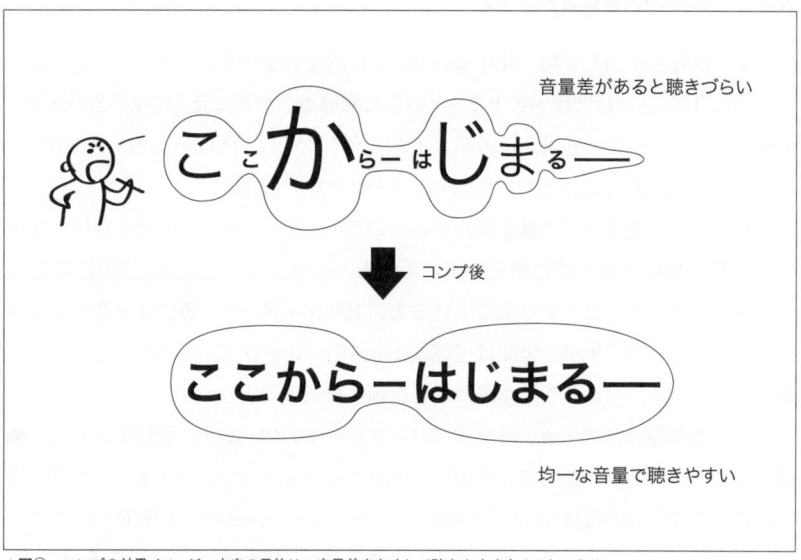

▲図① コンプの効果イメージ。本来の目的は、音量差をなくして聴きやすくすることにある

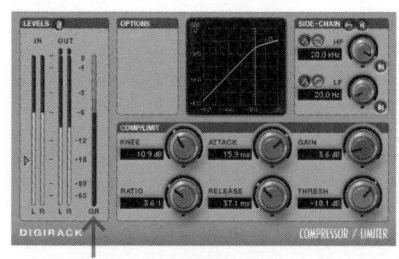

ゲイン・リダクション・メーター

◀画面① 左はAVID Compressor/Limiterで、左側の"GR"がゲイン・リダクション・メーター。右はBOMB FACTORY BF76でアナログ的な表示のメーターになっている

ゲイン・リダクション・メーター

04
メイクアップ・ゲイン／アウトプット

均一化された音量を
全体的に底上げするパラメーター

波形の形はそのままに音量アップ

　コンプは音を圧縮して均一化するので、全体的な音量は小さくなります。すると、"音質的には好きだけどほかのトラックの音に邪魔されて聴こえづらい"ということも起こります。そこで登場するのがメイクアップ・ゲイン(Makeup Gain)、もしくはアウトプット(Output)と呼ばれるパラメーターです(**画面①**)。

　これは圧縮した音に"下駄を履かせる"パラメーターです。言い換えれば、圧縮した波形の形はそのままに面積を広げることができます。しかも、3dB圧縮した音をメイクアップ・ゲインで3dB上げると、ピーク・メーター的には元音と同じくらいの音量になりますが、実際は圧縮によって均一化されているので元音より聴きやすく、つまり、元音より全体的に大きな音になるのです。

　これらの動作は波形で確認するとイメージしやすいでしょう。**画面②**は元音、**画面③**はコンプをかけた波形で、**画面④**は**画面③**をメイクアップ・ゲインで音量を上げた波形です。**画面③**では波形の縦幅が小さくなっていますが、**画面②**と比べて波形の大小の差は少なくなっています。つまり音量が均一化されているわけです。そして**画面④**では、その波形の形はそのままに縦幅が大きく、つまり全体の音量が上がっていることが分かります。

RMSメーターも活用しよう

　こうした音量の変化は耳で判断することが基本ですが、RMSメーターでも確認できます。RMSメーターとは、人間が音量を感じる感覚と同じような動きをするように作られたメーターで、VUメーターとも呼ばれます。人間は瞬間的な大音量に対してあまり敏感ではないので、ピーク・メーターが一瞬大きく振れるような音量でも、

あまり大きな音と感じない場合があります。そのためピーク・メーターはクリップを防ぐには有効なのですが、音量感を把握するのには適していません。しかし、RMSメーターでは人間の聴感と同じような振れ方をするので、音量感を判断するのに適しています。多くのDAWにはRMSメーターも装備されているので、RMSメーターを見ながらコンプを調整するという作業をすれば、コンプを理解するのに良い訓練になるでしょう。

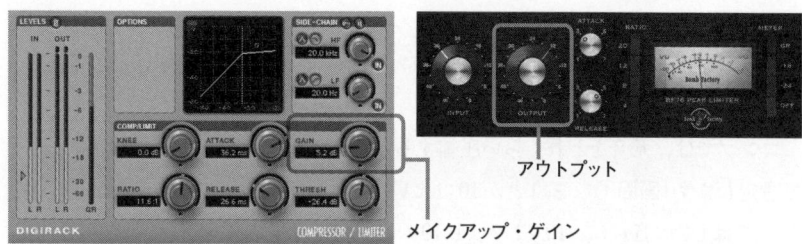

▲画面① 左はAVID Compressor/Limiterで、メイクアップ・ゲインはGAINと表示されている。右はBOMB FACTORY BF76でOUTPUTつまみで音量を上げる

▶画面② コンプ前の元音。波形の大小にかなり差がある

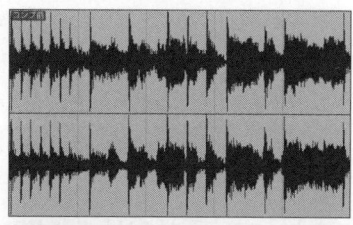

▶画面③ コンプ後(メイクアップ・ゲイン無し)の波形、波形の大きな部分が圧縮されて均一化されている

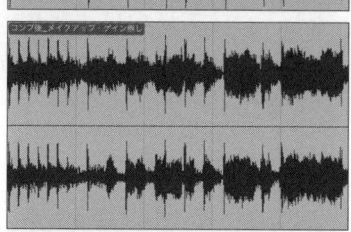

▶画面④ メイクアップ・ゲインありでコンプをかけた波形。元音に比べて波形の面積が増え、全体的に音が大きくなっている

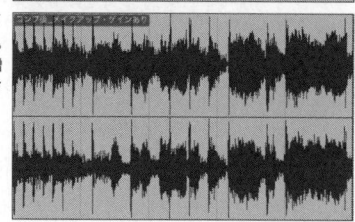

05 レシオ

圧縮率を設定するとともに
音色作りにも大きく影響

スレッショルド値を超えたレベルを圧縮

　コンプでは、元音をどれくらい圧縮するかをレシオ（Ratio）というパラメーターで設定します（**画面①**）。2：1とか10：1といった圧縮比で指定するようになっていて、2：1では1/2の音量に、10：1では1/10の音量になります。

　ただし、この圧縮比はスレッショルドで指定したレベルを超えたところから、元音の最大値に対しての比率であることに注意してください。例えば、元音のピーク・レベルが－2dBだったとします。この音に対して－6dBにスレッショルドを設定したコンプをかけると、スレッショルド値とピーク値の差は4dBとなります。このときレシオを2：1に指定すると、4dBの1/2ですから2dB圧縮されることになります。すなわち、コンプをかけた後のピーク・レベルは－2dB－2dB＝－4dBとなります（**図①**）。

　なお、プロの現場ではレシオが2：1のように比率が小さいときは"レシオが低い"と表現し、逆に20：1や30：1のように比率が大きいことを"レシオが高い"と言ったりします。

レシオによる音色変化

　レシオが圧縮率を設定するパラメーターということは、P12「01　基本概念」で触れた"音の密度"をコントロールするパラメーターであるとも言えます。簡単に言えば、レシオの値が変化するとコンプ後の音色も変わることになるのです。この音色変化に着目してコンプを使用すれば、よりクリエイティブな音作りを行うことができるようになります。レシオによる音色変化はコンプの種類によっても異なるのですが、おおよその傾向としてレシオが低いときは音色がナチュラルな感じであったり、

音の抜けが良くなります。逆にレシオが高いときは音色が荒々しくなる、あるいは音の抜けが悪くなる傾向にあると言えるでしょう。

　また、レシオを設定する際はスレッショルド値との兼ね合いも重要です。耳で判断するだけでなく、ゲイン・リダクション・メーターで実際にどれくらい圧縮されているのかを見ながら、RMSメーターでメイクアップ・ゲイン後の音量を確認しつつ、レシオとスレッショルドを指定して好みの音を作っていくといいでしょう。

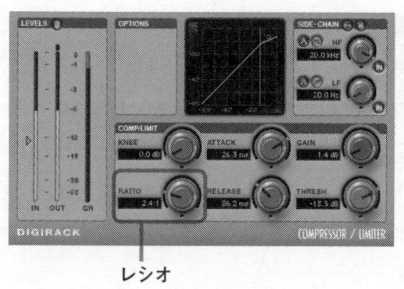
レシオ

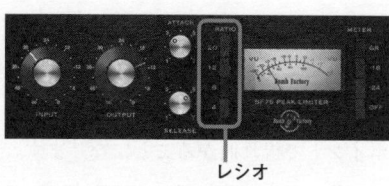
レシオ

▲画面① 　左はAVID Compressor/Limiterでレシオは1：1から100：1まで設定可能。右のBOMB FACTORY BF76ではボタンで4：1、8：1、12：1、20：1の4種類から選択する

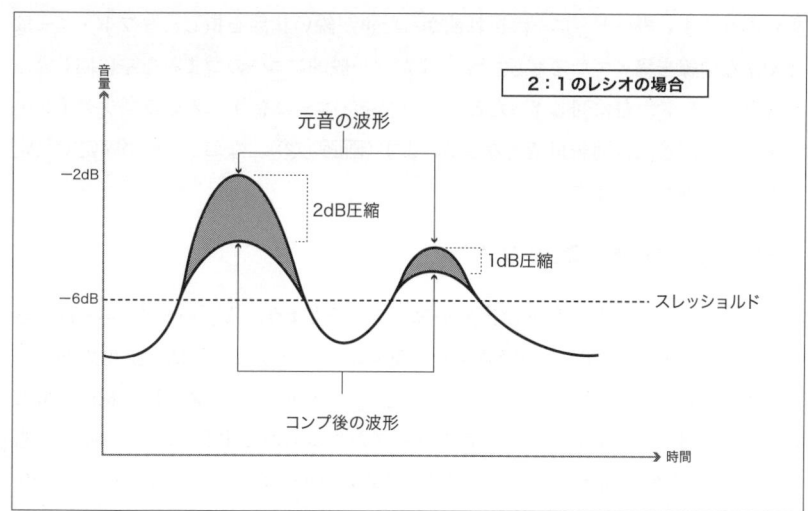

▲図① 　2：1のレシオで圧縮したときのイメージ。スレッショルドを超えた分の音量が1/2になる

06
ニー

コンプ動作の始まり方を決める
音色作りの重要パラメーター

"ニー"とは"膝"という意味

　レシオと並んで、音色を決定付ける重要なパラメーターがニー(Knee)です。ニーとは英語で"膝"のことですが、入力音がスレッショルドを超えて圧縮が開始される、つまりコンプの動作が始まる様子をグラフで表すと図①のようにスレッショルドのポイントで折れ曲がることになります。これが膝のように見えるのでニーと呼ばれているのです。そして、ニーではコンプがどのように動作を始めるかを設定することができます。前ページで説明したレシオとニーをうまく組み合わせることで、いろんな音色を作り出すことができるのです。

　では、ニーによる設定ですが、大きく分けてハード・ニーとソフト・ニーの2種類があります。ハード・ニーは折れ曲がった角が鋭い状態を指し、ソフト・ニーは緩やかな曲線を描いている状態です。また、一般的にニーのつまみを左に回しきったときがハード、右に回しきったときはソフト・ニーになり、多くのプラグイン・コンプでは両者間は連続可変となっています(画面①②)。なお、ニーが固定で設定できない機種もあります。

パーカッシブなハード、滑らかなソフト

　それでは、ニーによる音色変化を解説してみましょう。まずハード・ニーはいきなりコンプがかかり始めるので急激な音量差が生じます。これは音量差のある波形同士をクロスフェードせずにつないだときに"バチッ"とノイズが出る状態に似ています。音は急激な音量差が生じるとノイズが出るものですが、ハード・ニーでもスレッショルド値を超えたとたん、急激に音量が下がるためノイズに近い音が発生します。例えるなら、ニーの部分でパッと閃光がほとばしるようなイメージです。

序章 | コンプの基礎知識

このパーカッシブな音色変化がハード・ニーの特徴で、リズム系楽器ではリズム感をうまく出すコツとなります。プロの現場では"コンプ感をもっと出して"と言われたときにもハード・ニーを使います。

一方、ソフト・ニーは波形同士をクロスフェードで滑らかにつないだ状態をイメージしてもらえばいいでしょう。光にたとえるなら、曲がり角のところからふんわりと光り始め、いつの間にか消えていて、光が消えたポイントが分かりづらいイメージです。音量はうまく抑えているけど、コンプ感の無い自然な音色変化が欲しいときに適しています。特にボーカルの音量などを自然にコントロールしたいときに使うといいでしょう。

レシオとの組み合わせで考えると、レシオが高いときは音色が甘い（音の抜けが悪い）傾向になりますが、ハード・ニーにすればパーカッシブな音の印象で甘さがカバーされるので明るい音色にしたいときに有効です。

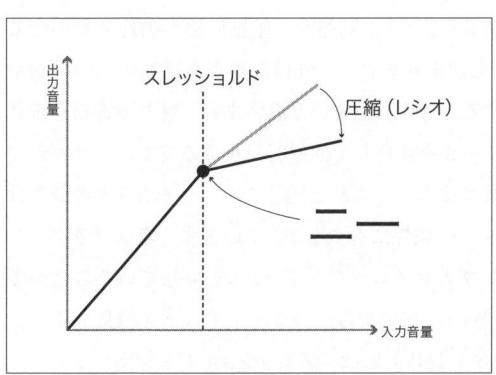

◀図① コンプの動作を示したグラフ。入力音がスレッショルドを超えた時点でコンプが動作し、レシオで設定した比率で圧縮されたレベルが出力される。そのスレッショルド値の部分の折れ曲がり具合がニーだ

▲画面① AVID Compressor/Limiter でハード・ニーに設定した状態

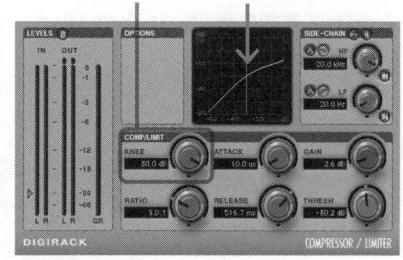

▲画面② こちらはソフト・ニーの状態

07 アタック・タイム

入力音がスレッショルドを超えてから
圧縮を開始するまでの時間を設定

"タイムラグ"が重要

　前ページまでは、主に音量圧縮や音質変化に関するパラメーターを説明してきましたが、アタック・タイム（Attack Time、以下アタック）と次ページのリリース・タイムは、時間の流れに従ってコンプをどのように動作させるかを設定します。
　ハードウェアのコンプでは、スレッショルド回路から圧縮回路へ動作開始の命令が伝わるまでに若干のタイムラグがあります。これは自動車を運転中に障害物を見つけたときのことをイメージすると分かりやすいと思います。目で障害物を確認してから、実際にハンドルとブレーキを操作して回避行動を取るまでに、わずかではありますがタイムラグがありますよね？　これと同じです。タイムラグの長さは機種によって異なり、それがコンプの個性にもつながっています。実はプラグインでもこうしたハードウェア・コンプのタイムラグをシミュレートしていることが多いのです。このタイムラグを積極的に利用する、つまりタイムラグの長さを変えられるパラメーターがアタックです。具体的には、スレッショルドを超えてから、どれくらいの時間でレシオで設定した圧縮率に到達するかを設定します（画面①）。

入力音の"最初の音"をコントロール

　アタックが面白いのは、入力音の最初の音（アタック音）の音量や音質をコントロールできる点です。アタックが強く出すぎて耳障りな場合は、アタックを早く（短く）して、アタック音の音量を抑え滑らかに聴かせられます（図①）。逆にアタックを遅く（長く）すれば、アタック音は圧縮せずに、その後の余韻部分を圧縮するので相対的にアタック音が大きくなり目立たせることができます（図②）。
　前ページで説明したニーの音色は、厳密に言えばアタックで設定した時間を経て

コンプが動作を始める部分の音色になります。これをプロの現場では"アタックを設定してコンプをうまく引っかける"といった言い方をします。この"引っかける"音がニーの音色です。リズム楽器ではこの引っかける音がビートと共に連続的に鳴るのでリズム感の調整に使えることがあります。アタックを早めにするとハード・ニーではリズムの頭がはっきり聴こえて前ノリに感じ、ソフト・ニーではリズムの頭がぼやけて後ノリに聴こえることが多いです。

このように、スレッショルドとレシオによってコントロールされる音量変化による音色、そしてアタックとニーで引っかける連続的な音色の組み合わせによって、リズム感や音色をいかようにも作り込むことができるのです。

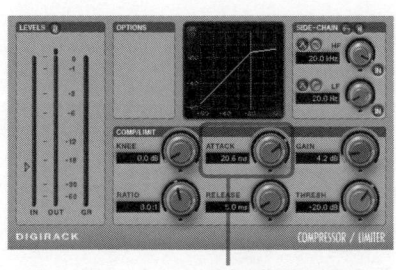

◀画面① AVID Compressor/Limiter では 10μs～300msの間で設定可能

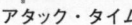

アタック・タイム

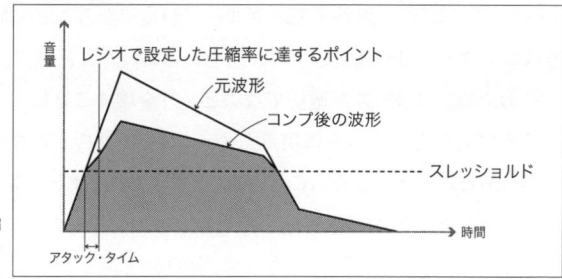

▶図① アタック早めの場合の圧縮イメージ。入力音のアタック音から圧縮が始まる

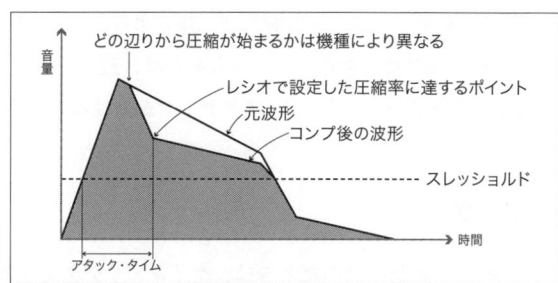

▶図② アタック遅めの場合の圧縮イメージ。アタック音はあまり圧縮されないので目立つことになる

⑧ リリース・タイム

入力音がスレッショルドを下回ってから
圧縮がオフになるまでの時間を設定

ノリに変化を付けるパラメーター

　入力音のレベルがスレッショルド値を下回ってから、どれくらいの時間で圧縮をオフにするかを設定するがリリース・タイム（Release Time、以下リリース）です（**画面①**）。アタックはコンプを引っかけるタイミング、リリースはコンプを放すタイミングだと考えれば分かりやすいと思います。

　リリースの特徴はリズムのノリに変化を付けられるところです。リリースが早い（短い）とシャキシャキと跳ねるような感じになったりしますし、遅い（長い）とゆったりとしたノリになります。これはベースを打ち込みでプログラミングしていく際に、デュレーションを細かく調整するとグルーブが良くなることと同じです。これと同じようにコンプのリリースでもリズム感を作っていくことができます。

　そのため、リリースが適切でないとノリを壊すことにもつながります。早すぎると急激に入力音のレベルに戻るため、しゃっくりのような感じで急に音が大きくなり不自然な聴こえ方になることがあります。これをポンピング現象と呼びます（**図①**）。また、遅すぎると本当は圧縮したくない次のアタック音にまでコンプがかかってしまうこともあります（**図②**）。さらに、余韻を強調したい場合でも、元音の状態によってリリースを早くすることもあれば、遅くすることもあります。早くすることで余韻が圧縮されずに大きくなることもあれば、遅くして余韻まで圧縮することで均一化しておいてからメイクアップ・ゲインを上げることで余韻を持ち上げる場合もあるのです。

設定のコツ

　リリースの調整に悩んだときは、ゲイン・リダクション・メーターが0dB方向へ

戻るスピードと曲のテンポが、何となく合っているように調整していくとうまくいくことが多いと言えます。また、最初は少し遅めにしてから調整すると音量変化を見極めやすいでしょう。リリースが遅めで、なおかつメイクアップ・ゲインを上げると小さい音が聴こえやすくなるので音色の変化が分かりやすくなるのです。

　このようにリリースを調整することは、リズムのノリやボリューム感、音色の変化などにつながるので使う人の個性が出ます。音楽信号の音量変化は複雑なので、アタックやリリースはそれに対して常に正確に反応しているわけではなく、実際は大まかに動作していることが多いと言えます。その"大まかさ"にも機種によって特徴があり、それがコンプの個性にもつながっています。

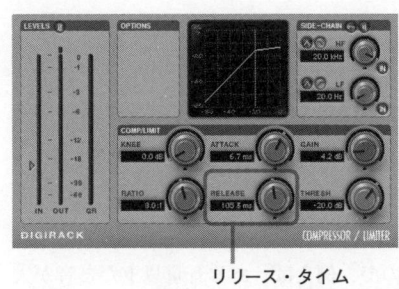

◀画面① AVID Compressor/Limiterでは5ms〜4sの間で設定できる

リリース・タイム

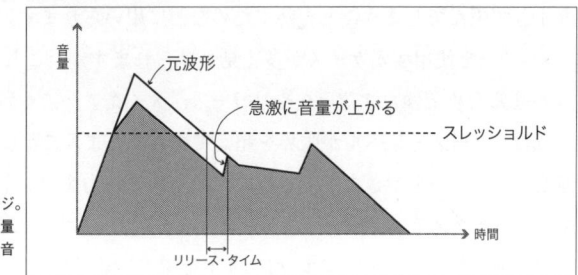

▶図① ポンピング現象のイメージ。リリースが早すぎて、急激に元音量へ戻るためしゃっくりしたような音になる

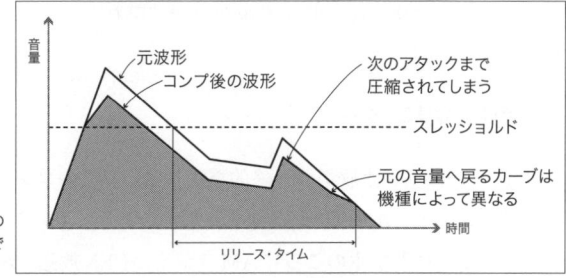

▶図② リリースが遅すぎる場合のイメージ。圧縮したくない部分まで圧縮してしまう

027

⓿⓽ リミッター

スレッショルドのレベルを超えない
高いレシオ設定のコンプ

最大音量を一定化

　コンプの中でも、設定したスレッショルドのレベルより音量が上回らないように制限する効果をリミッティング（Limiting）、もしくはリミッター（Limiter）と呼びます。この効果に特化したエフェクトもリミッターと呼びますが、多くのコンプではこのリミッターと同じ効果を得ることが可能です。具体的にはアタックを最も早くして、リリースも早めに設定し、レシオを20：1以上（可能な機種では∞：1にすることもあります）に設定します（画面①②）。

　リミッターは最大の音量を一定にできるので、例えば、ある音量以上だと音が大きすぎて歪んでしまうことを防ぐためなどに用いられます。またマスタリングでもリミッターを使用するケースが多く見受けられますが、これは複数の曲の音量感を合わせるためです。アタックやリリース、メイクアップ・ゲインなどをうまく調節すれば、ピーク・レベルが限界を超えて歪んでしまうことなく、曲全体の迫力や音量をコントロールできます。さらに、曲全体の迫力をコントロールするという意味では、ミックスでマスター・フェーダーにインサートすることもあります。ただし、あまり強くかけすぎると（スレッショルドを深くしすぎると）、全体的に抑揚がなくなっていくことになり、音楽的な表現からかけ離れてしまいますので、かけ方には注意が必要です。

ラジオ放送のリミッター

　リミッターはラジオ放送の最終的な送り出し音量のコントロール用に使われたり、映画館でのスピーカーの最大音量を制限するときに用いられたりします。古い話で恐縮ですが、私が学生のころにAMラジオのFEN放送（現在のAFN）をよく聴い

序章 | コンプの基礎知識

ていたのですが、明らかにほかの日本の放送局より音質がロックっぽくかっこよくなっていました。これは後で分かったことですが、この放送にはリリースが遅めのリミッターが強くかけられていたそうです。

　ちなみに、FM放送にもリミッターがかかっていますが、各放送局で同じ曲を流しても聴いた感じが違うのはこのリミッターの設定値や機種が違うためだと思われます。ですので、FMラジオで流れていてかっこいいと思った曲のCDを買って家で聴いたときに、ちょっと感じが違って聴こえるとしたら、それは放送局が使用しているリミッターの影響があるのかもしれません。

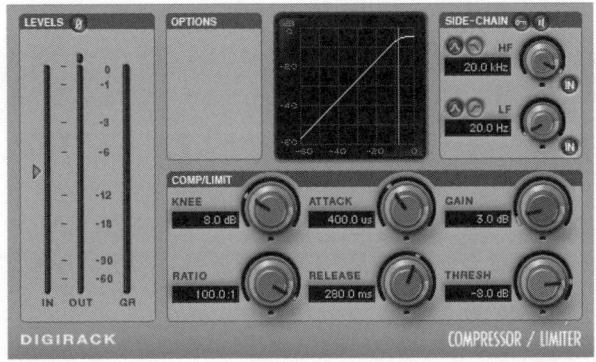

▲画面① 　AVID Compressor/Limiterでは、その名の通り、リミッター的な設定も可能。上の画面はプリセットで"Gentle Limiting"を選んだときの数値

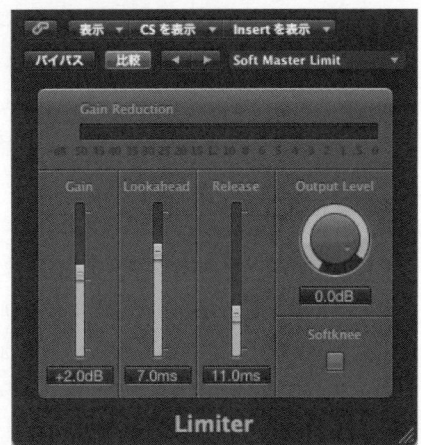

▶画面② 　こちらはAPPLE Logic Pro付属のリミッター、Limiter。リミッター専用なのでコンプよりもパラメーターが少ない

10 マキシマイザー

聴感上のボリューム感を
可能な限り大きくするエフェクト

リミッターの一種

　マキシマイザー（Maximizer）はコンプの機能や効果ではなくエフェクトの一種です（**画面①②**）。これらは基本的にリミッターの仲間と考えていいのですが、ここまでに説明したコンプとはやや趣が異なり、音量の大小をコントロールして音色やノリを作っていくという用途では用いません。

　では、どのようなときにマキシマイザーを使用するかというと、最大音量をスレッショルドで指定したレベルに抑えつつ（ここまではリミッターと同じです）、聴感上のレベルを上げたいときに利用します。

　P18「04　メイクアップ・ゲイン／アウトプット」で触れたように、人間は瞬間的な音量変化に対してあまり敏感ではありません。そのため、ピーク・メーター的には大きな音量になっているように見えても、実際に聴いた感じはそれほどでもないということが起こります。そこでコンプでは瞬間的に大きな音量を抑えて、メイクアップ・ゲインで全体的な音量を上げるということも行うのですが、これに特化したエフェクトがマキシマイザーと考えればいいでしょう。マキシマイザーはその名のごとく、聴感上の音をできるだけ大きくするためのものなのです。

音楽性重視で使用すべし！

　マキシマイザーのパラメーターは製品によって多少の違いはあるものの、使い方は似ています。多くの場合は、スレッショルドを下げるとメイクアップ・ゲインが反比例するように連動していて、スレッショルドで下げた分だけ音量感が上がります。つまり、スレッショルドを−3dBにするとメイクアップ・ゲインは＋3dBになるのです。このときピーク・レベルは元音と同じですが、RMSメーター的には＋3dBと

なります。つまり、ピーク・レベルは一定のまま、小さい音をどんどん上げて密度を濃くできるのです。なお、最大ピーク・レベルはシーリング（Ceiling）というパラメーターで上限を設定できます。

ただし、音量感のアップにも限界はあり、ある時点から歪み成分が発生してしまいます。そうした場合はスレッショルドを元に戻して調整するか、リリースがある機種では遅めに設定にすることで歪み感を和らげていきます。

インパクト重視であれば、マキシマイザーは有効な手法ですが、過度の使用は音楽表現を崩壊させることにもつながります。小さい音が大きくなるということは抑揚が無くなるということなので、マキシマイザーの使いすぎには注意が必要です。実際、テレビ放送のCMやラジオ放送での音楽などは、その前後の音と音量差がありすぎて不快であるという指摘もなされており、そのために新しく聴感上の音量感を示すラウドネス・メーターという規格も登場しているほどです。マキシマイザーの効果は魅力的ですが、あくまでも音楽性重視ということを忘れずに使いたいものです。

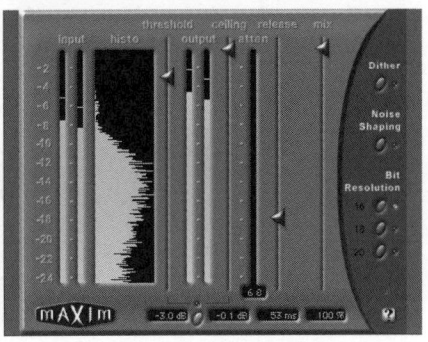

▶画面① AVID Pro Toolsに付属するマキシマイザーのMaxim

◀画面② APPLE Logic Pro付属のAdaptive Limiter

ディエッサー

歯擦音の周波数帯域を抑える
特別な設計のコンプ

主に高域をコンプレッション

　コンプの仲間の一つにディエッサー（Deesser）と呼ばれる製品があります。これは特定の周波数の音量を抑えることに特化したエフェクトで、主にボーカルのシビラント（sibilant）を抑制する目的で使われます。シビラントとは歯擦音のことで、SやZ、サ行の発音などがこれにあたります。歯擦音の成分が強すぎると耳障りになったり、突発的なピークが生じて録音レベルを上げられないということが起こるのです。

　歯擦音は普段の生活ではあまり気になりませんが、感度の良いマイクを使ってオンマイクでレコーディングすると、どうしても目立ちがちです。レコーディングではポップ・フィルターを使用したり、マイクを変えるなどして対処したりもしますが、やり過ぎるとボーカリストの声質の特徴を殺すことにもなりかねません。そこで、ミックスの段階でディエッサーをかけて、シビラントの周波数帯域だけ音量を抑えるのです。ちなみに、ディエッサーは、そもそも"Sの音を小さくする"という意味です。このS成分は周波数で言うと3〜7kHz辺りの高域部分にあたります。そこで、ディエッサーではその辺りの周波数の音量を抑えられるように設計されています。

ボーカル以外にも応用可能

　パラメーター的には比較的シンプルで、多くのディエッサーでは、最初に周波数を選び、次にゲイン・リダクション・レベルとスレッショルドで、シビラントをどれくらい抑えるかを調整します（**画面①②**）。周波数の選択にはシェルビング・タイプとピーク・タイプを選べる機種もありますが、通常はシェルビング・タイプで

よいでしょう。シェルビング・タイプでは3kHzを選ぶと、3kHz以上がディエッシング（コンプレッション）されます。ゲイン・リダクション・レベルとスレッショルドは比較的浅めでも効果が出ることが多く、機種によってはゲイン・リダクション・メーターが振れなくても、シビラントを抑えられていることがあるので、耳で聴いた感じで調節する方がいいと思います。

また、ディエッサーはボーカル以外の楽器にも応用できます。例えば、アコースティック・ギターやウッド・ベースで弦を擦る音やピックのアタック音が目立ちすぎるときは、ディエッサーをかけるとそれらの音を軽減でき、倍音を奇麗に響かせることができるようになることがあります。さらにマスタリングでディエッサーを使用することもあります。2ミックスがパキパキで派手すぎるのを抑えたいときに、ディエッサーを使うとうまく調整できることがあるのです。このように、ボーカルに限らずいろいろな応用方法があるので、ぜひ試してみてください。

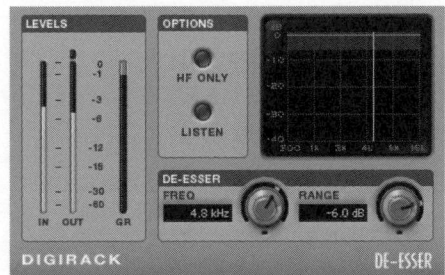

▲画面① AVID Pro Tools付属のディエッサー、De-Esser。FREQで周波数を設定し、RANGEでどれくらい抑えるかを設定する

▶画面② APPLE Logic Proに付属のディエッサー、DeEsser。検出部（Detector）と圧縮部（Suppressor）が独立しており、個別に設定が可能

⑫ サイド・チェイン

コンプの動作をコントロールする
もう一つの入力機能

別の音のレベル変化で動作

　コンプは入力した音量がスレッショルドで設定したレベルを超えると動作を開始するというのが基本ですが、それ以外に動作させる方法もあります。そのための回路がサイド・チェイン(Side Chain)です(**画面①**)。これを使うとあるトラックにインサートしたコンプを、別のトラックの音量変化で動作させることができます。例えば、ベースにコンプをかけるとしましょう。当然、コンプはベースのトラックにインサートします。次にそのコンプのサイド・チェイン入力へ、キックの音を入力します。すると、コンプのスレッショルドはキックの音量変化に応じて圧縮動作を行います。つまり、キックが鳴るタイミングでベースにコンプをかけることができるのです(**図①**)。この場合、キックの音はあくまでコンプを動作させるきっかけとして使用するので、キックにコンプがかかるわけではありません。

EQも活用してみよう

　さらに、このサイド・チェインにEQが装備されている機種もあります。このEQを使えば、サイド・チェインに入力した音をイコライジングして、ある特定の周波数帯域の音量変化でコンプを動作させることができます。

　どのようなときにこのEQを使うかというと、2ミックスやさまざまな楽器音において、ある特定の周波数帯域のレベルが大きいことがあります。そのようなときは同一の音を通常の入力とサイド・チェイン入力の両方に入れて、サイド・チェインのEQでその周波数帯域を加工していきます。その周波数帯域にコンプを強くかけるとカッコイイのであればEQでその周波数帯域をブーストし、その周波数帯域に軽く自然な感じでコンプをかけたいのならカット方向でレベルを下げればいい

わけです。また、マスタリングで2ミックスにコンプをかける際、その2ミックスを通常の入力とは別にサイド・チェインへ入力することもあります。EQで中域と高域をカットして低域だけにすれば、低域のレベル変化でコンプがかかり、結果としてベースとキックが鳴るタイミングでコンプがかかるように調整できます。また、中域をカットすればボーカルにかかるコンプを弱くして自然な聴こえ方に調整できたりもするのです。

　このサイド・チェインとEQの仕組みを使えば、前ページで解説したディエッサー的な効果も得られます。ボーカルのシビラントにあたる帯域（4〜6kHz辺り）をサイド・チェインのEQでブーストすれば、耳障りな歯擦音を抑えることができます。一般的に、ディエッサーよりもコンプの方がパラメーターは多いので、細かく調整したいときに使ってみるといいでしょう。

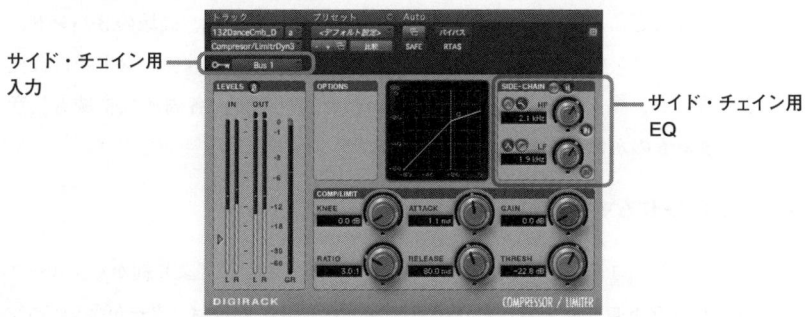

▲画面① AVID Compressor/Limiterでは、左上の鍵アイコンの部分でサイド・チェインへ入力する音を選び、高域と低域の2バンドEQで加工が可能だ

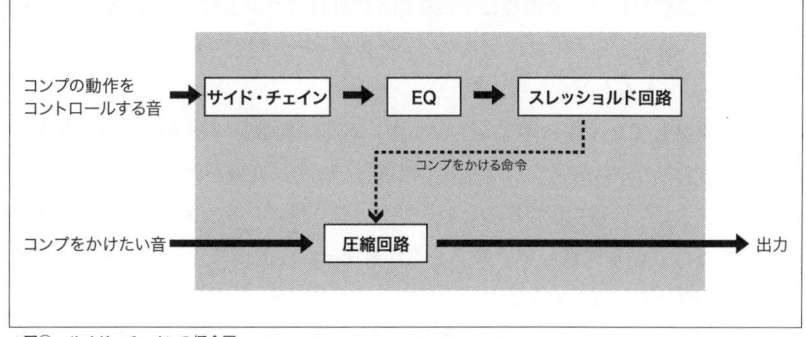

▲図① サイド・チェインの概念図

⑬ マルチバンド・コンプレッサー

複数の周波数帯域を
個別にコンプレッション

3〜5バンド程度に分割

　マルチバンド・コンプレッサー（Multiband Compressor、以下マルチバンド・コンプ）とは、1つの入力音を低域、中域、高域といった具合に幾つかの周波数帯域に分けて圧縮できるコンプです（**画面①**）。例えば低域、中域、高域の3バンドに分けるとしたらコンプ3台分を同時に使っていることになります。バンド数は機種にもよりますが、多くは3〜5バンドくらいに分割可能で、各周波数帯域も任意に設定できるものがほとんどです。

マキシマイザーにもマルチバンド仕様がある

　マルチバンド・コンプでは、各周波数帯域の特徴を生かしてより細かくグルーブ感や音色をコントロールすることができます。ただし、パラメーターが多いので、慣れるまでには時間がかかるでしょう。

　使いこなすコツとしては、まず全周波数帯域をカバーする1バンドの一般的なコンプとして調整を行い、その後に帯域を徐々に分けてコントロールしていくとよいと思います。機種によっては、マスター・セクションが用意されていて、全帯域をコントロールできるものもあります。

　細かく調整していく際のポイントですが、例えば低域をタイトにしたいときは低域コンプのリリースを早くしてみてください。また、高域をクリアにしたいときは高域のアタックを遅くしてみるといいでしょう。各バンドにメイクアップ・ゲインが装備されている機種も多いので、これを使って各帯域の音量を調節すればイコライザー的な使い方もできます。

　また、マルチバンド・コンプの一種としてマルチバンド・マキシマイザーがあり

序章 | コンプの基礎知識

ます(**画面②**)。機種によっては帯域に分けて細かくマキシマイズができるため、マスタリングなどで便利です。例えば、いろんな楽器が入っているような複雑なアレンジが施されている曲では、それぞれの音がつぶれないようにマキシマイズしていくことができます。もし、調整中につぶれすぎていると感じる帯域があれば、その帯域のスレッショルドを弱めればいいわけです。もっとボリューム感を出したい帯域がある場合は、その帯域のメイクアップ・ゲインを上げるか、リリース・タイムを遅めにすることで対応できます。

　このように細かい調整が必要ではありますが、マルチバンド・コンプやマルチバンド・マキシマイザーでしかできない音作りがあるので、積極的に使いこなしてみてください。

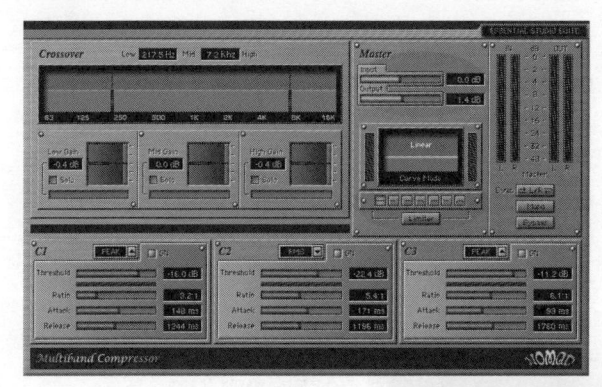

◀画面① P143などで使用しているマルチバンド・コンプ、NOMAD FACTORY E-3B Compressor。3バンドに分けてコンプレッション可能

▶画面② NOMAD FACTORY E-3B Maximizerは3バンドに分かれた入力部を持つマルチバンド的なマキシマイザーだ

column

さまざまな動作方式のコンプ①
オプトと真空管

　ハードウェアのコンプは動作方式の違いによって幾つかの種類に分けられます。その違いは音の個性にもつながるため、プラグインでもそれらの特性を再現した製品は少なくありません。ここではそのうちの代表的な方式を2つ紹介しておきましょう。

　まず、ビンテージ・コンプとして有名なTELETRONIX LA-2AやUREI LA-4はオプト・コンプと呼ばれています。"オプト"はOptical（光）の意味で、これらの製品はLEDなどの発光素子を利用し、入力信号の大小を光の強弱に変換して、その光をフォトセルなどの受光素子で受けて圧縮動作を制御しています。この光の変化は緩やかなため自然な感じのコンプレッション・サウンドが特徴です。ただし、細かいコントロールは、あまり得意ではありません。

　もう一つ、古くから知られているコンプに"真空管コンプ"と呼ばれる種類があります。製品としてはFAIRCHILD 660や670などが有名です。これらは特殊な真空管を使うことで、入力された音声信号を基に電圧で増幅率を制御して、音量を変化させています。一般的に迫力のある音が特徴と言われています。

◀TELETRONIX LA-2Aを再現したプラグイン、WAVES CLA-2A

▶FAIRCHILD 670をシミュレートしたNOMAD FACTORY LM-662

第1章
キック／スネア／タム
KICK/SNARE/TOM

キックとスネアはミックス時の音色作りで最もコンプの使用頻度が高いパートと言えるでしょう。本章では素材の音色違いで複数のキック音色とスネア音色を用意しました。生音系だけでなくリズム・マシン系のサウンドもとりそろえてあります。これらを使ってごく自然な量感アップの方法をはじめ、余韻を豊かに響かせたファットな音色、アタックを強調したタイトな音色などのバリエーション作りなど、さまざまな加工法を解説していきます。さらに、タムに関しても3種類の設定方法を掲載しているので、ぜひ参考にしてみてください。

キック編......040
スネア編......063
タム編......084

収録フォルダ PART1_kc_sn_tom

キック編

001A

ポップス〜ナチュラル系

素材ファイル 001_kc_pop_original.wav → 001A_kc_pop_n_comp.wav 加工ファイル

ニー	アタック	メイクアップ・ゲイン
8.2dB	15.9ms	4.4dB
レシオ	リリース	スレッショルド
4.0：1	27.5ms	−17.7dB

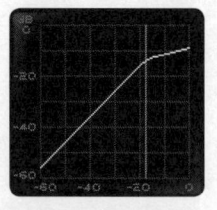

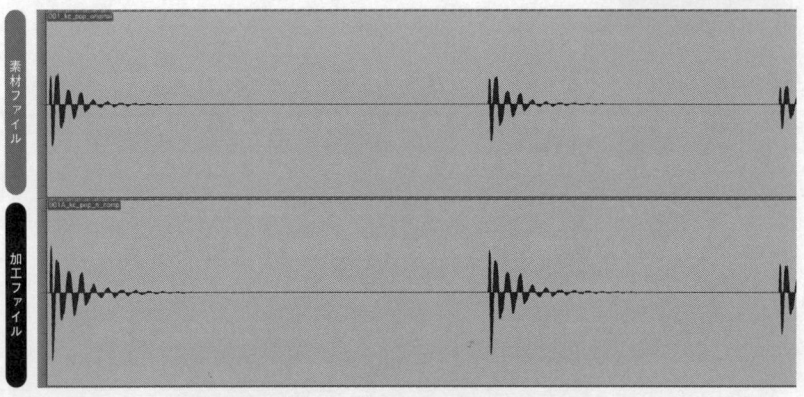

> **軽やかなアタック感のあるサウンドに**

　ポップス系のキックを、アタックを強調しつつ軽やかな感じに仕上げてみましょう。レシオは低めの4：1で、ニーはアタックが強すぎないように、ややハードめに設定。アタックは、キックのアタック音が圧縮されず十分出るように15〜20ms辺りで調整してください。リリースは、キックのアタック音よりも余韻の音が少し小さめに聴こえて自然なビート感になるポイントを探ります。25〜30msくらいで調節するとよいでしょう。スレッショルドはリダクション量が−4〜−5dBくらいでつぶれすぎない感じの値を探します。メイクアップ・ゲインはリダクション量を取り戻すくらいの＋4dB程度でいいでしょう。自然な感じのアタック感が出るように仕上げるのがコツです。

収録フォルダ PART1_kc_sn_tom

キック編

001B
ポップス〜ファット系

素材ファイル 001_kc_pop_original.wav → 001B_kc_pop_f_comp.wav 加工ファイル

ニー	アタック	メイクアップ・ゲイン
5.2dB	79.3μs	5.4dB
レシオ	リリース	スレッショルド
2.5:1	5.2ms	−18.0dB

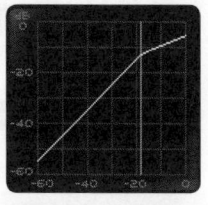

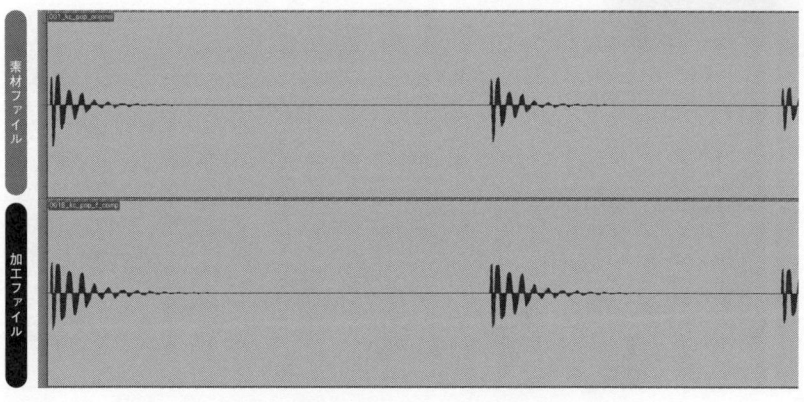

" ポンピング現象を利用して余韻を強調 "

　ポップス系のキックの音をわざと余韻が大きく聴こえる感じにして太めの音にしてみます。レシオは深めのスレッショルドを前提に2:1〜3:1くらいで設定します。ニーは少しアタック感が出るハード寄りがいいでしょう。アタックは、キックのアタック音を含めて早めにコンプが引っかかるように早めで調整してみてください。リリースもわざと早めにしてコンプのポンピング現象を利用し余韻を膨らませます。最も早い設定で試してみるといいでしょう。スレッショルドはアタック音を強めにつぶすため−6〜−7dBくらいリダクションするまで下げます。メイクアップ・ゲインは＋5〜＋6dBでよいでしょう。ドスっと太くなる感じの音色を目指してください。

収録フォルダ PART1_kc_sn_tom　　キック 編

001C
ポップス〜タイト系

素材ファイル 001_kc_pop_original.wav ➡ 001C_kc_pop_t_comp.wav 加工ファイル

ニー	アタック	メイクアップ・ゲイン
21.6dB	36.2ms	3.0dB
レシオ	リリース	スレッショルド
8.8:1	23.3ms	−15.0dB

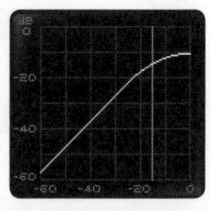

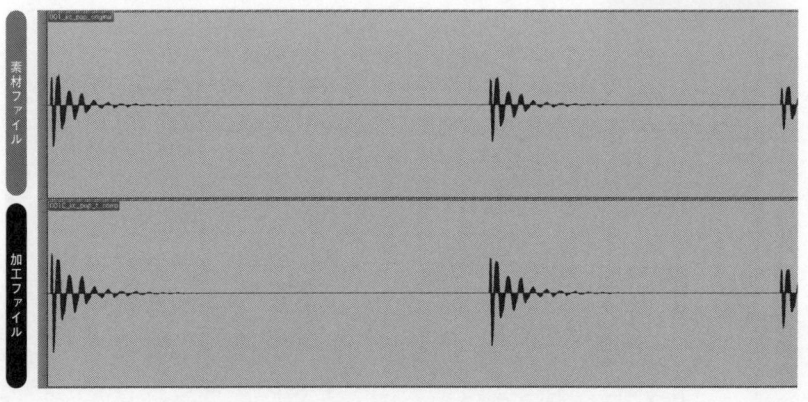

" ソフトめのニーで長めのアタック音に加工 "

　ポップス系キックのデッドなアタック音を少し長めに聴こえるようにして、余韻はアタックよりも短く聴こえるタイト系の音色にしてみましょう。レシオは少し高めの8:1にします。ニーはアタック感を少し丸めて、持続音的な感じになるようにソフト寄りに設定しましょう。アタックは、アタック音が圧縮されないように30〜40msと遅めに設定。リリースは、余韻がアタック音より短めに聴こえるようにしますが、このキックではやや早めの設定で20〜30ms辺りがよいでしょう。スレッショルドはリダクション量が−3dBくらいになるように設定し、メイクアップ・ゲインはリダクションした分だけ上げます。コツは余韻よりもアタックが太く大きく聴こえるようにすることです。

収録フォルダ PART1_kc_sn_tom

キック編

002A

ロック〜ナチュラル系

素材ファイル: 002_kc_rock_original.wav → 加工ファイル: 002A_kc_rock_n_comp.wav

ニー	アタック	メイクアップ・ゲイン
7.9dB	4.0ms	2.6dB
レシオ	**リリース**	**スレッショルド**
5.7:1	10.1ms	−14.1dB

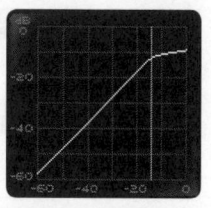

" 大口径キックの余韻を生かす "

　口径の大きなロック系キックは、基本的に余韻が長めに聴こえる感じに仕上げるとよいでしょう。そこで、自然な感じを出すためにレシオは4:1〜6:1程度にします。ニーはハード寄りですが、アタック音が少し丸くなる感じのところを探ってみてください。アタックは、"ペタッ"というアタック音の感じを十分に出したいので5ms前後で調整します。

リリースは、余韻があまり持ち上がりすぎず自然に響く10ms程度でよいでしょう。スレッショルドは、−3dBほどリダクションする程度の自然な感じに設定してください。メイクアップ・ゲインは＋2〜＋3dBくらいで調整します。最終的に、アタック音よりも余韻が少し小さめに聴こえるようになっていれば自然な雰囲気に仕上がるでしょう。

収録フォルダ PART1_kc_sn_tom　　キック 編

002B

ロック〜ファット系

素材ファイル：002_kc_rock_original.wav → 加工ファイル：002B_kc_rock_f_comp.wav

ニー	アタック	メイクアップ・ゲイン
18.0dB	11.7ms	5.6dB
レシオ	リリース	スレッショルド
100.0：1	161.2ms	−19.5dB

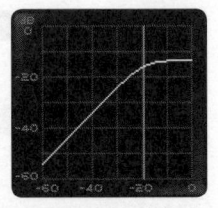

高レシオ&深めのスレッショルドで太さを演出

　ロック系キックの余韻を前ページの002Aよりもさらに強調し、より大きなサイズに感じる音色にしてみます。レシオは100：1くらいで強めに圧縮されるようにし、ニーはアタック音が丸く太くなるようにソフト寄りに設定。アタックは、太い感じのアタック音が圧縮されずに十分前に出てくる10ms前後で調整してみましょう。リリースは、アタック音と余韻が同じくらいの音量で聴こえるように150〜170msの範囲で試してみてください。スレッショルドは深め、大体−8dBほどリダクションするまで下げてみるといいでしょう。メイクアップ・ゲインは＋5〜＋7dB程度です。このようにアタック音と余韻が同等の音量に聴こえるようにすると、太い感じに仕上がります。

収録フォルダ PART1_kc_sn_tom　　キック編

002C

ロック〜タイト系

素材ファイル: 002_kc_rock_original.wav → 加工ファイル: 002C_kc_rock_t_comp.wav

ニー	アタック	メイクアップ・ゲイン
4.5dB	2.1ms	6.4dB
レシオ	リリース	スレッショルド
8.2:1	184.2ms	−17.4dB

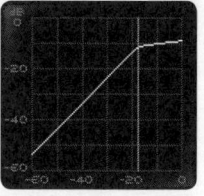

> **キレの良さを出すアタック＆リリース設定がキモ**

　ロック系キックのアタック音を気持ちよく前に出して余韻を少し短めにし、キレの良いサウンドにしてみます。レシオはやや高めの8:1で、ニーはアタック音の歪み感が少し出るようにハード寄りで調整します。アタックは、ニーで設定したアタック音のデッド感が生きるように少し遅めの2ms前後で設定してみてください。リリースは、アタック音の後に少し隙間がある感じを出すイメージで180ms前後で調整します。スレッショルドは−6〜−8dBくらいリダクションさせる深めの設定にするとタイトさが出てくるでしょう。メイクアップ・ゲインは＋6dBくらいに設定します。各パラメーターの微調整が少し難しいと思いますが、頑張って挑戦してみてください。

収録フォルダ PART1_kc_sn_tom

002D

ロック〜歪み系

素材ファイル 002_kc_rock_original.wav → 加工ファイル 002D_kc_rock_dist_comp.wav

キック 編

ニー	アタック	メイクアップ・ゲイン
0.9dB	25.3μs	15.8dB
レシオ	リリース	スレッショルド
2.8:1	5.0ms	−37.5dB

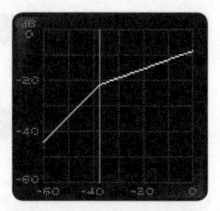

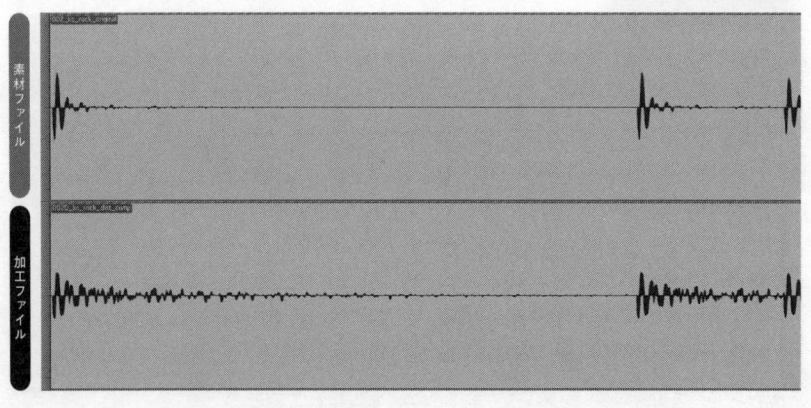

> ## バキバキに圧縮したワイルド・サウンド

　ロック系キックの最後は、歪みっぽいワイルドなサウンドを作ってみましょう。レシオは、深めのスレッショルドでリダクション量を多めにすることを前提に、低めの3:1くらいの設定にします。ニーはアタックをわざと歪ませるためにハードな設定でいってみましょう。アタックは、アタック音が即座に圧縮されるように20〜30μsくらいの早い値にします。リリースも、タイトにアタック音を強調するため5ms前後の早い設定にしてください。スレッショルドは、アタック音も余韻も共にしっかりとつぶすイメージで、−18〜−20dBくらいリダクションするよう深めに設定します。あとはメイクアップ・ゲインを＋16dBくらいまで上げると、歪んだ塊のようなキックになるはずです。

収録フォルダ PART1_kc_sn_tom　　　キック編

003A
ファンク〜ナチュラル系

素材ファイル 003_kc_funk_original.wav → 加工ファイル 003A_kc_funk_n_comp.wav

ニー	アタック	メイクアップ・ゲイン
11.2dB	2.4ms	2.2dB
レシオ	リリース	スレッショルド
3.6：1	19.7ms	−12.5dB

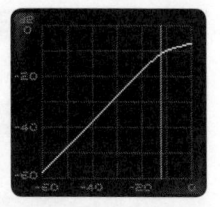

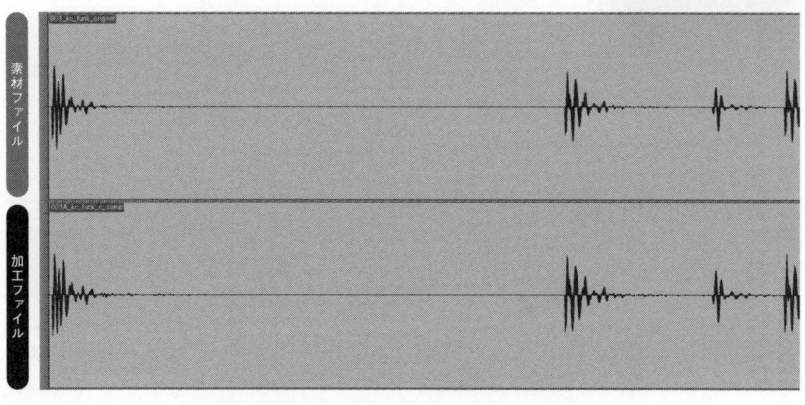

> " 軽くアタック感を強調すればOK "

　小口径でデッドなイメージのファンク系キックは、アタックを少し強調すると自然な感じに仕上がります。レシオはコンプ感を抑えるために低めの3：1〜4：1程度にします。ニーは少しハード寄りにしてアタック音に重さを加えましょう。アタックは、アタック音が自然に前に出るようなタイミングを狙います。2〜5ms辺りで調整してみてください。リリースはデッド感が出るタイミングを探しますが、この素材では20ms前後で設定するとよいでしょう。スレッショルドは少しだけパンチが出るくらいがよいので−3dBくらいのリダクション量にとどめ、メイクアップ・ゲインも＋3dB程度でOKです。これでキックが加工前よりも近くで聴こえる感じになるはずです。

収録フォルダ PART1_kc_sn_tom　　　キック編

003B

ファンク〜ファット系

素材ファイル　003_kc_funk_original.wav　→　003B_kc_funk_f_comp.wav　加工ファイル

ニー	アタック	メイクアップ・ゲイン
16.6dB	4.0ms	6.2dB
レシオ	リリース	スレッショルド
4.9：1	501.3ms	−17.3dB

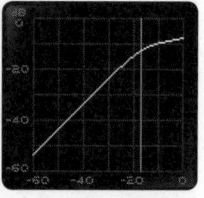

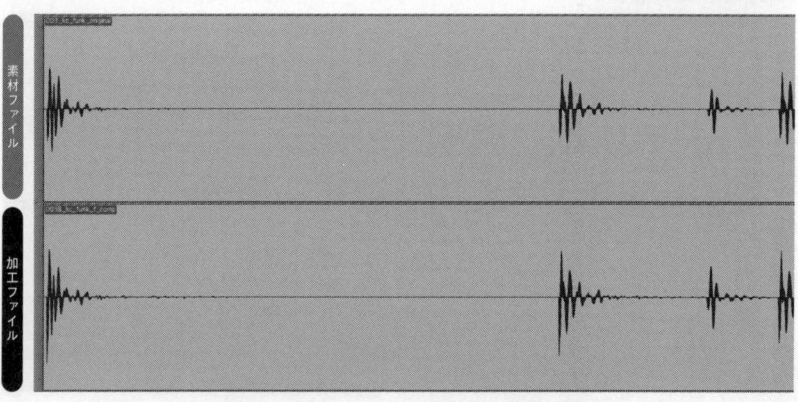

> **後ノリ感をリリースでコントロール**

ファンク系キックの余韻を長めに加工して、ビート感を後ノリにしてみましょう。レシオは圧縮しすぎないように5：1くらいに設定します。ニーはアタック音を少し丸めつつ重くしたいので、少しだけソフト寄りにしてください。アタックは、ニーで設定したアタックの感じをうまく出すために遅めにしますが、この素材では大体5ms前後のタイミングがよいでしょう。リリースは、余韻を多めにすると後ノリに聴こえるので、遅めの500ms前後で調整しておきます。そして、−6dBくらいリダクションするようにスレッショルドを下げておき、メイクアップ・ゲインを＋6dBほど上げていくと、余韻が多めに聴こえてきてファットな音色になり、グルーブも後ノリに変化します。

収録フォルダ: PART1_kc_sn_tom

キック編

003C

ファンク〜タイト系

素材ファイル: 003_kc_funk_original.wav → 003C_kc_funk_t_comp.wav : 加工ファイル

ニー	アタック	メイクアップ・ゲイン
4.5dB	3.2ms	3.0dB
レシオ	リリース	スレッショルド
14.0:1	35.9ms	−14.6dB

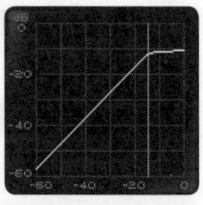

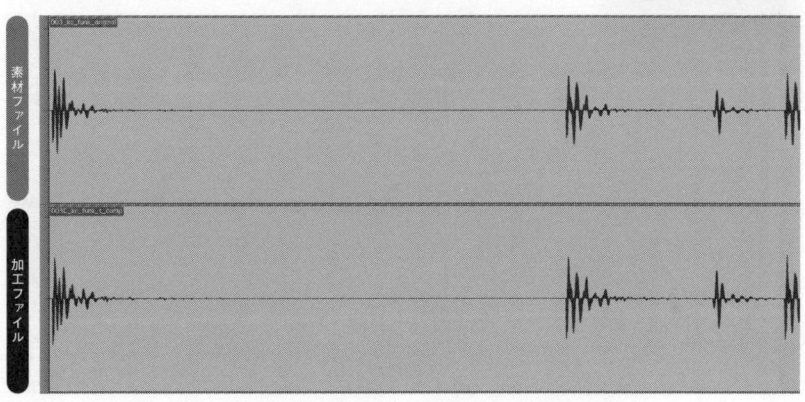

> **リリースでアタック音と余韻の一体感を作る**

ファンク系キックをタイトに仕上げるには、やはりアタックを強調することがポイントになります。レシオは、高めの14:1〜20:1の間にしてみてください。ニーは、アタック音に少しパンチが出るようにハード寄りの設定にします。アタックは、キックのアタック感を太めに感じるポイントを探りますが、この素材では2〜5msくらいがよいでしょう。リリースは、アタック音と余韻がくっついて一体感が出るように調節します。大体30〜40msくらいで試してみてください。スレッショルドは、リダクション量が−3〜−4dBくらいで余韻がつぶれすぎないように気を付けながら調節しましょう。メイクアップ・ゲインは＋3〜＋4dB程度でよいと思います。

収録フォルダ PART1_kc_sn_tom

キック 編

004A

ジャズ〜ナチュラル系

素材ファイル 004_kc_jazz_original.wav → 加工ファイル 004A_kc_jazz_n_comp.wav

ニー	アタック	メイクアップ・ゲイン
6.7dB	1.2ms	2.2dB
レシオ	リリース	スレッショルド
2.5：1	74.8ms	−9.3dB

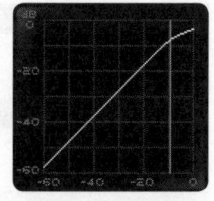

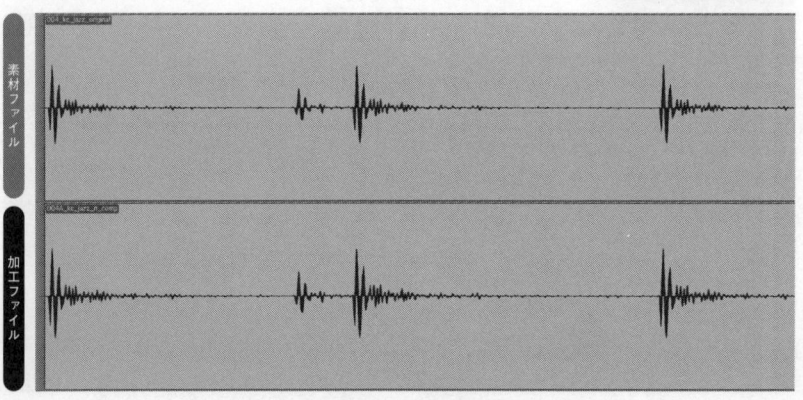

> **細かいフレーズも自然に聴かせるアタック&リリース**

　ジャズ系キックをナチュラルに仕上げる場合は、アタック音を少し強調して自然なパンチ感を出すとよいと思います。レシオは少し低めで2：1〜3：1に設定しましょう。ニーは素材のアタック音が少し弱いのでハード寄りにするとよいでしょう。アタックは、細かいフレーズのアタック音が歯切れよくなるタイミングを探って1ms前後で調整してみてください。リリースも細かいフレーズが聴こえるポイントの70ms前後がよいでしょう。スレッショルドは、−2dBくらいの少なめのリダクション量になるように調節して、メイクアップ・ゲインもリダクション量を取り戻すくらいの＋2dB程度にします。これでアタック音が少し強調されて、自然な歯切れ具合を出せると思います。

収録フォルダ PART1_kc_sn_tom　　　キック編

004B
ジャズ〜ファット系

素材ファイル 004_kc_jazz_original.wav → 加工ファイル 004B_kc_jazz_f_comp.wav

ニー	アタック	メイクアップ・ゲイン
24.3dB	47.4μs	4.8dB
レシオ	リリース	スレッショルド
3.3：1	9.5ms	−21.9dB

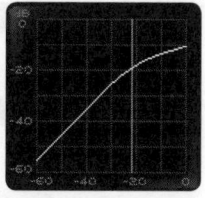

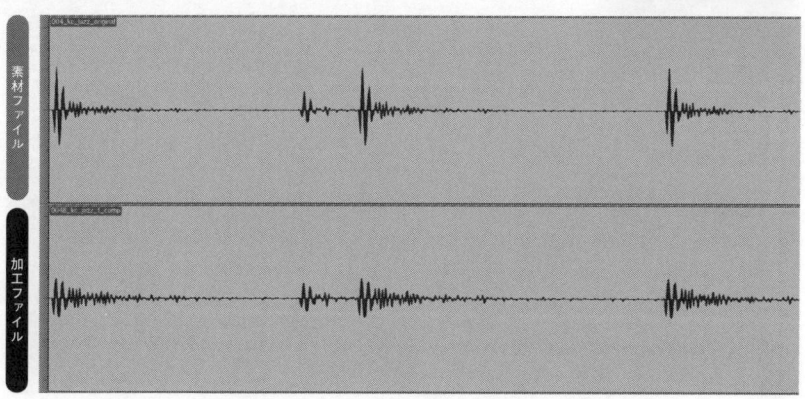

" リリースと深いスレッショルドで太くうねる余韻に "

　素材となっているジャズ系キックはもともと余韻が長いのですが、これをわざと強調することによって太く後ノリなビートを感じさせる音色に仕上げてみます。レシオは低めの3：1〜4：1程度でいいでしょう。ニーはアタックをわざと丸めるためにソフト寄りにします。アタックは50μs前後と早めで、リリースも早めに設定して余韻がうねるような感じを狙いましょう。リリースは大体10msくらいを目安にしてみてください。スレッショルドはアタック音を強めに圧縮するイメージで、やや大げさなくらい深くします。−10dBくらいリダクションするまで下げてみてください。メイクアップ・ゲインは＋5dBほどでよいでしょう。これで余韻が太くうねる感じになります。

収録フォルダ PART1_kc_sn_tom

キック 編

004C

ジャズ〜タイト系

素材ファイル: 004_kc_jazz_original.wav → 加工ファイル: 004C_kc_jazz_t_comp.wav

ニー	アタック	メイクアップ・ゲイン
6.3dB	3.4ms	4.2dB
レシオ	リリース	スレッショルド
8.0:1	2.0s	−12.3dB

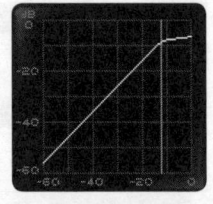

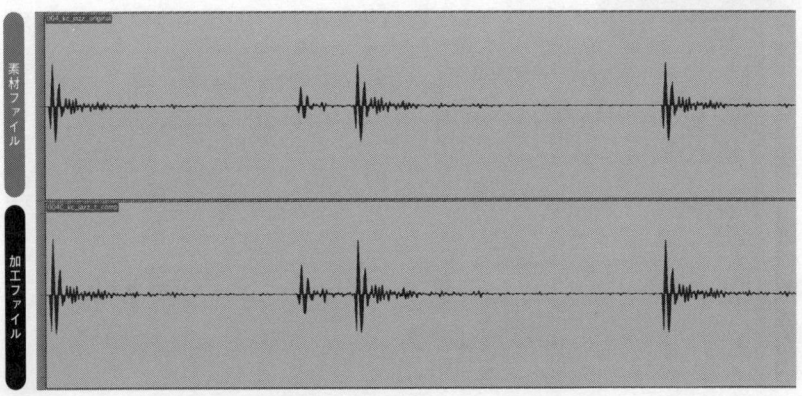

" アタック音と余韻のバランスで跳ねさせる "

　素材で使用しているジャズ系キックでは細かいフレーズが入っていますが、これらが少し跳ねて聴こえるタイト系にしてみましょう。レシオは少し高めの8:1、ニーはアタック感を出したいので、ハード寄りにします。アタックは、キックのアタック音が長めに聴こえそうなポイントを探り3ms前後に設定。リリースは遅めにするとアタック音と余韻がうまく響いて跳ねる感じになっていきます。この素材では大体2sくらいがよいでしょう。スレッショルドはリダクション量が−3〜−4dBで、メイクアップ・ゲインは＋4dBくらいにします。少し変わった設定例ですが、アタック音と余韻のバランスをよく聴いて、跳ねた感じになるように微調整してみてください。

| 収録フォルダ | PART1_kc_sn_tom | | キック 編 |

005A

TR-808〜ナチュラル系

| 素材ファイル | 005_kc_808_original.wav | ➡ | 005A_kc_808_n_comp.wav | 加工ファイル |

ニー	アタック	メイクアップ・ゲイン
17.5dB	335.0μs	1.0dB
レシオ	リリース	スレッショルド
3.4:1	115.5ms	−4.5dB

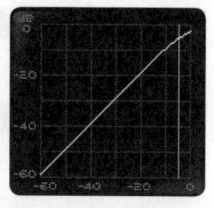

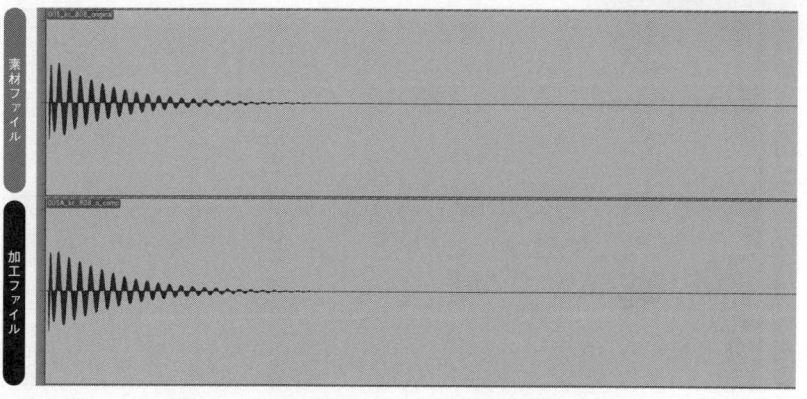

" アタック音を粘らせて柔らかな音色に "

　多彩なジャンルで聴かれる有名リズム・マシン、ROLAND TR-808のキック音が素材です。アタック音を少し柔らかくして、自然な感じのコンプをかけてみましょう。レシオは低めの3:1〜4:1にして、ニーはアタック部分の"コツッ"という音を少し丸めたいのでややソフトにします。アタックはアタック音を少しだけ出すために300〜400μsで調整し、リリースは特徴的な余韻を少しだけ伸ばしたいので少し長めの110〜120ms辺りでよいでしょう。スレッショルドは浅めで−1〜−2dBほどリダクションする程度、メイクアップ・ゲインもリダクション量を稼ぐ程度の+1〜+2dBくらいです。これで独特のアタック音が粘る感じに聴こえると思います。

収録フォルダ PART1_kc_sn_tom

キック編

005B

TR-808～ファット系

素材ファイル 005_kc_808_original.wav → 005B_kc_808_f_comp.wav 加工ファイル

ニー	アタック	メイクアップ・ゲイン
5.1dB	18.8μs	2.8dB
レシオ	リリース	スレッショルド
3.1：1	26.6ms	−9.6dB

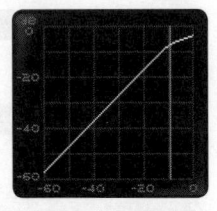

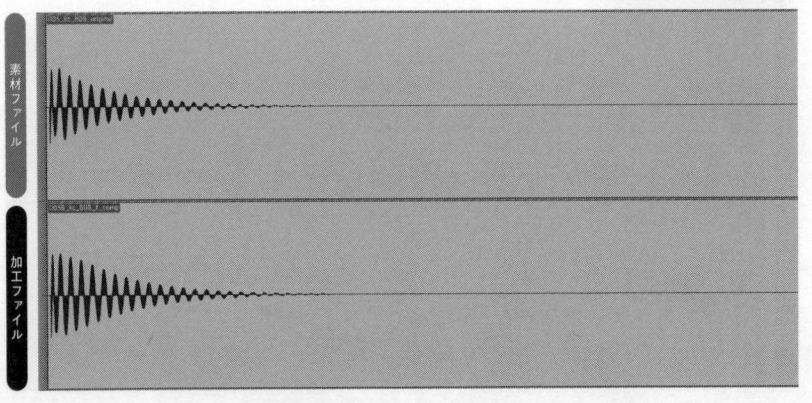

" リリースで余韻をアタック音より大きくする "

　TR-808のキック音で特徴的な余韻の音を、アタック音より大きめにして太さを出してみます。レシオは低めの3：1に設定し、ニーはアタック音が少しつぶれるくらいのハード寄りがいいでしょう。アタックは早めですぐにコンプが引っかかるようにします。最も早い値に近い10～20μsくらいで試してみてください。リリースはアタック音より余韻が大きめになるよう20～30msで調整します。スレッショルドは、リダクション量が−2～−3dBくらいの浅めになるように設定し、あまり強くコンプがかからないようにしてください。メイクアップ・ゲインも＋2～＋3dBでよいでしょう。これで余韻がアタック音よりも大きく聴こえるようになり、ビート感が後ノリになると思います。

収録フォルダ	PART1_kc_sn_tom		キック 編
	005C		

TR-808〜タイト系

| 素材ファイル | 005_kc_808_original.wav | ➡ | 005C_kc_808_t_comp.wav | 加工ファイル |

ニー	アタック	メイクアップ・ゲイン
23.8dB	70.7ms	2.8dB
レシオ	リリース	スレッショルド
6.3:1	150.8ms	−14.7dB

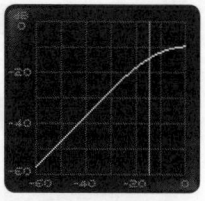

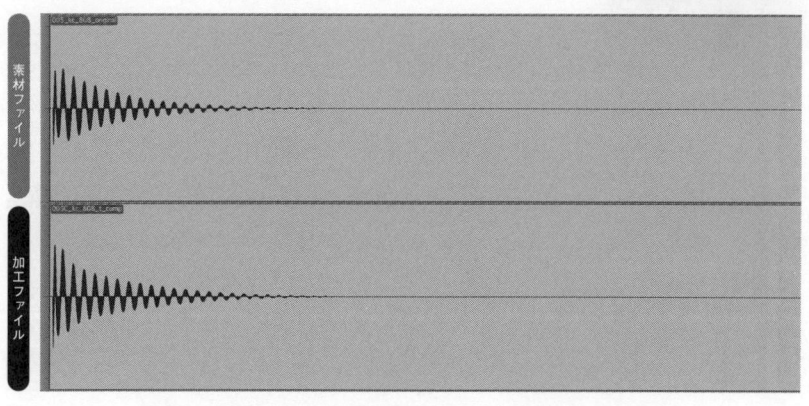

> 独特のアタック音を強調してキレのある音色に

TR-808キックのアタック音で聴かれる"ブチッ"という部分を強調してタイトに聴かせてみましょう。レシオは少し高めの6:1〜8:1に設定。ニーはこの独特のアタック音を耳障りではなく目立たせたいのでソフト寄りにします。アタックは、"ブチッ"音を長めに聴かせるために遅めの70〜80msくらいにするといいでしょう。リリースは、アタック音の長さと余韻の長さが同じくらいに聴こえるポイントを探します。大体150ms辺りになると思います。スレッショルドは、−3dBほどリダクションするくらいでよく、メイクアップ・ゲインは＋3dBくらいです。これで、ブチッという音と余韻が一体となって聴こえて、なおかつキレのあるリズムに聴こえてくるでしょう。

収録フォルダ　PART1_kc_sn_tom

キック編

005D

TR-808〜歪み系

素材ファイル　005_kc_808_original.wav　→　005D_kc_808_dist_comp.wav　加工ファイル

ニー	アタック	メイクアップ・ゲイン
0.3dB	31.0μs	5.0dB
レシオ	リリース	スレッショルド
2.1：1	5.0ms	−20.1dB

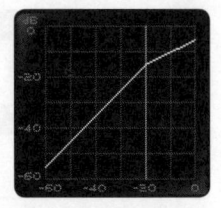

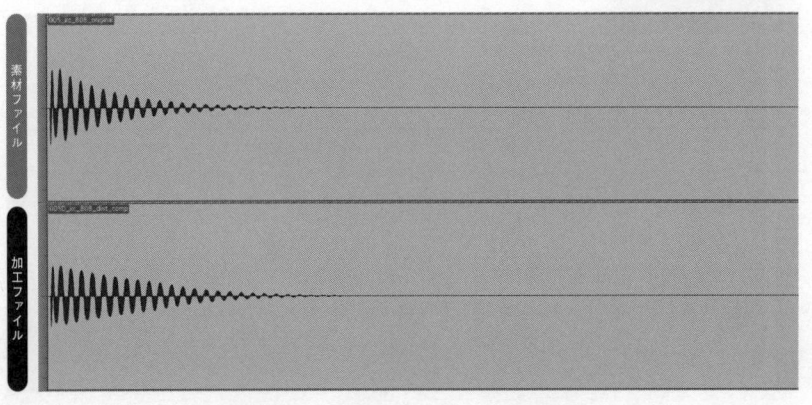

" ハード・ニー&最短アタックで歪ませる "

　TR-808キックのアタック音を歪ませることで、全体が歪んでいるような音色を作ってみます。強くコンプレッションするため、レシオ自体は2：1と低く設定し、ニーはアタック音を鋭い感じにしたいのでハードな設定にしてください。さらに音が出たらすぐコンプが引っかかるように、アタックは最も早い設定の辺りにします。またリズムのキレを良くしたいので、リリースも最も早い設定にしてください。スレッショルドは強めにコンプをかけるため、−5〜−6dBほどリダクションするように調整しましょう。メイクアップ・ゲインはリダクション量を補うくらいの＋5〜＋6dBにします。この設定では、キック音全体がブリブリとした感じに変化していくと思います。

収録フォルダ　PART1_kc_sn_tom

キック 編

006A

TR-909〜ナチュラル系

素材ファイル　006_kc_909_original.wav　→　006A_kc_909_n_comp.wav　加工ファイル

ニー	アタック	メイクアップ・ゲイン
9.7dB	845.8μs	1.6dB
レシオ	リリース	スレッショルド
3.4：1	28.4ms	−10.5dB

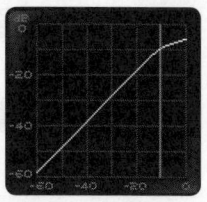

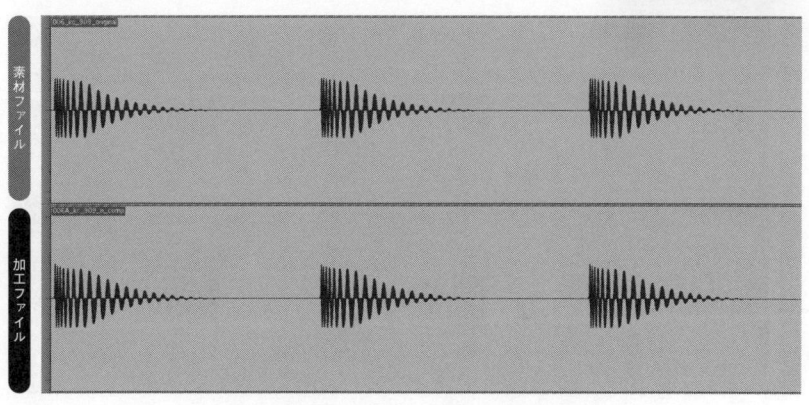

" ナチュラルにパンチ感を出す "

　TR-808と並ぶ超有名リズム・マシンのROLAND TR-909のキックを素材に、その特徴であるブリブリ感を中心に音作りしてみます。レシオはナチュラル傾向の3：1くらいで、ニーはアタックの歪み感を少しだけ強調するためややハードにします。アタックは、キックのアタック感が少し出て目立つくらいのタイミング、800〜900μs辺りで調整してください。リリースはアタック音より余韻が少しだけ短く聴こえるように20〜30msで試してみましょう。スレッショルドは−1〜−2dBと少なめのリダクション量でよく、メイクアップ・ゲインは＋1〜＋2dB程度にします。コツはキック全体に少しパンチが出て、ビートがはっきりする感じに仕上げることです。

収録フォルダ PART1_kc_sn_tom

キック編

006B

TR-909〜ファット系

素材ファイル 006_kc_909_original.wav ➡ 006B_kc_909_f_comp.wav 加工ファイル

ニー	アタック	メイクアップ・ゲイン
2.7dB	19.5ms	3.6dB
レシオ	リリース	スレッショルド
17.2：1	7.7ms	−17.7dB

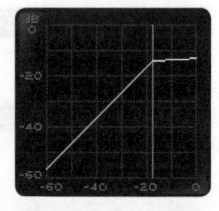

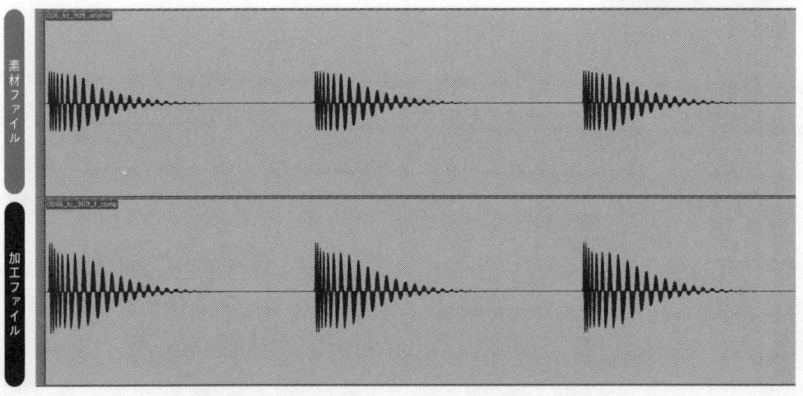

" **高レシオで荒く太いブリブリ・サウンドに** "

　TR-909キックのブリブリ感をより強調して太さを感じさせる音色にしてみましょう。特に余韻部分のブリブリ感を引き出すことがポイントとなります。レシオは高めの15：1〜20：1の間で設定してください。ニーはアタックにスピード感を持たせたいのでハード寄りにします。アタックは、キックのアタック音を十分に引き出すために20ms前後で調整しましょう。リリースは早めに設定して、わざとポンピングするように調整します。大体、7ms前後で余韻が持ち上がってくるでしょう。スレッショルドは、リダクション量が−3dBくらいになる程度でよく、メイクアップ・ゲインは＋3dBくらいです。キック全体が荒っぽくなる感じのサウンドに仕上げるとよいでしょう。

収録フォルダ PART1_kc_sn_tom / キック編

006C
TR-909〜タイト系

素材ファイル 006_kc_909_original.wav → 006C_kc_909_t_comp.wav 加工ファイル

ニー	アタック	メイクアップ・ゲイン
4.8dB	47.4μs	2.0dB
レシオ	リリース	スレッショルド
5.0：1	8.8ms	−9.9dB

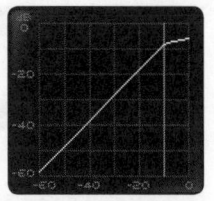

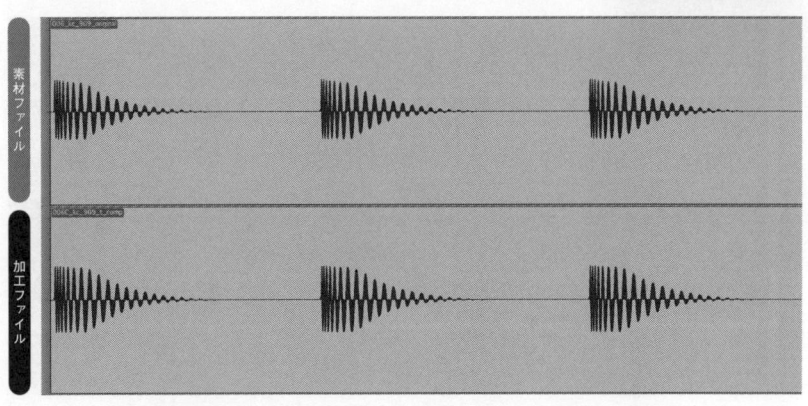

> **早めのアタック＆リリースでスッキリと仕上げる**

　TR-909キックのアタック部分と余韻部分の一体感を出して、タイトでキレのあるサウンドにしてみましょう。レシオは5：1にし、ニーはキレの良いアタック感を出したいのでハード寄りに設定します。アタックは、キックのアタック音があまり飛び出して聴こえないように早めの設定がよいでしょう。リリースは余韻が短めに聴こえた方がよいので8〜10msの間で設定します。ビートのキレに注意しながら調整してみてください。スレッショルドは、アタックがつぶれ過ぎないように−1〜−2dBの範囲で調整。メイクアップ・ゲインは＋2dBくらいです。キックの余韻の低音があまり目立たない、すっきりした音色をイメージして各パラメーターを調整してください。

収録フォルダ PART1_kc_sn_tom　　　　　　　　　　　　　　キック 編

006D
TR-909～歪み系

素材ファイル 006_kc_909_original.wav → 006D_kc_909_dist_comp.wav 加工ファイル

ニー	アタック	メイクアップ・ゲイン
14.2dB	36.2μs	4.8dB
レシオ	リリース	スレッショルド
5.5：1	5.3ms	−19.5dB

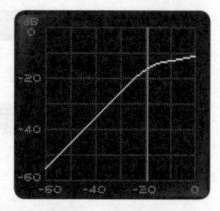

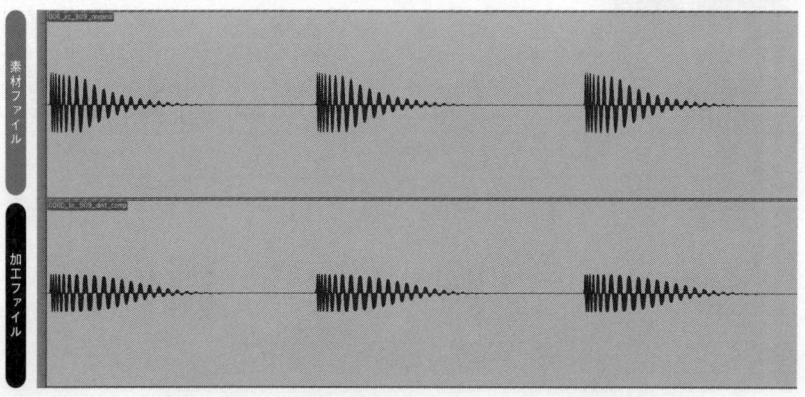

" 余韻のブヨブヨ感を早めのリリースで強調 "

　TR-909キックの余韻で聴かれるブヨブヨした響きを強調して、荒っぽい音色に仕立ててみます。レシオは少し高めの5：1～6：1くらいに設定してください。ニーはアタック部分の倍音が目立つようにややハード寄りにします。アタックは、早めにコンプがかかるように30～40μsで調整しましょう。リリースはわざと早めに設定して余韻を持ち上げ、独特のブヨブヨ感を強調します。スレッショルドは歪み感を強調するために、−10dBほどリダクションするような深めの設定にしてください。メイクアップ・ゲインは大きくなりすぎないように＋5dB前後でよいでしょう。キック全体の倍音の響きが大げさに聴こえるようにするのが、この音作りでのコツになります。

収録フォルダ PART1_kc_sn_tom

キック編

007A
ヒップホップ〜アグレッシブ系

素材ファイル 007_kc_hiphop_original.wav → 加工ファイル 007A_kc_hiphop_agg_comp.wav

ニー	アタック	メイクアップ・ゲイン
23.1dB	246.0μs	12.4dB
レシオ	リリース	スレッショルド
16.4:1	248.8ms	−24.2dB

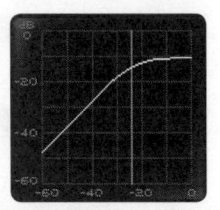

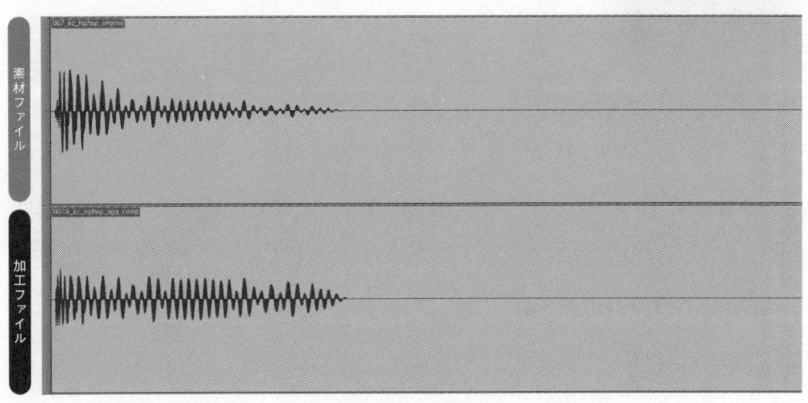

> **深めのスレッショルドで余韻を伸ばして迫力を出す**

　ローファイなヒップホップ系キックの余韻を伸ばして、より迫力を出してみましょう。レシオは12:1〜20:1と高めで、ニーはアタック音を丸めて太さを出したいのでソフト寄りに設定。アタックは、少しだけアタック音がコンプにかからず飛び出る感じの200〜300μsくらいです。リリースは余韻が十分に伸びるように、深めのスレッショルドを前提に200〜300msの間で調整するとよいでしょう。スレッショルドは−12〜−18dBと多めのリダクション量になるよう設定します。メイクアップ・ゲインは＋12dBくらいで、素材よりも大きくなりすぎない程度にしてください。全体的に図太くアタックと余韻の一体感がある感じに仕上げると迫力を出せるでしょう。

収録フォルダ PART1_kc_sn_tom

キック 編

007B

ヒップホップ〜歪み系

素材ファイル 007_kc_hiphop_original.wav → 加工ファイル 007B_kc_hiphop_dist_comp.wav

ニー	アタック	メイクアップ・ゲイン
18.1dB	32.7μs	8.8dB
レシオ	リリース	スレッショルド
5.8:1	6.1ms	−24.5dB

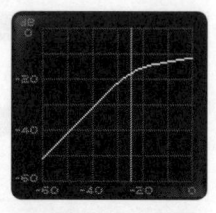

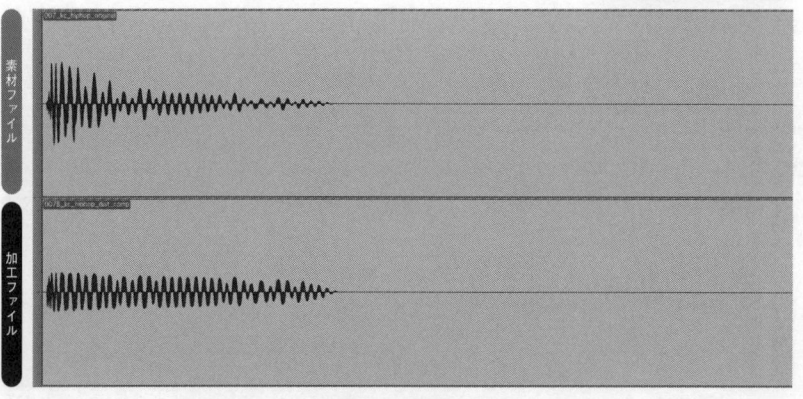

> **リダクション量で歪み感をコントロール**

　ヒップホップ系キックに生演奏的な"ライブ感"のある歪みを加えてみます。レシオは程よい低音感が残る6:1くらいに設定してください。ニーはアタック音が柔らかくなって太さが出るようにソフト寄りにしてみるといいでしょう。アタックはキック全体に一体感を出したいので30μsと早めに設定します。リリースは低音に気持ち良い歪み感を出すため、これも早めの5〜6ms辺りで調整してください。スレッショルドは−12〜−16dBくらいのリダクション量で、ちょうどよい歪み感が出るポイントを探します。メイクアップ・ゲインは大きくなりすぎないように+8〜9dB程度でよいでしょう。少しおおげさに歪み感が出るようにするのが各設定のポイントです。

収録フォルダ PART1_kc_sn_tom　　　　　　　　　　　　　　　スネア 編

008A
ポップス〜ナチュラル系

素材ファイル 008_sn_pop_original.wav → 008A_sn_pop_n_comp.wav 加工ファイル

ニー	アタック	メイクアップ・ゲイン
18.1dB	221.9μs	1.2dB
レシオ	リリース	スレッショルド
10.9：1	43.9ms	−10.2dB

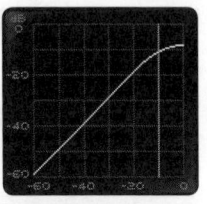

> **少しだけアタックを遅らせてパンチ感を出す**

　軽い感じのポップス系スネアのアタック音を強調して、なおかつ自然な感じに仕上げてみましょう。レシオは少し高めの10：1に設定します。ニーはコンプがスムーズにかかるソフト寄りにするとよいでしょう。アタックは、少しだけアタック音がコンプにかからずに飛び出る感じをイメージして、200〜300μsの範囲で調整してください。

　リリースはアタック音よりも余韻が少し短めになり、なおかつビートが重くならないように40〜50msの間で調整します。スレッショルドはリダクション量が−2dBくらいの浅めで、メイクアップ・ゲインも＋1〜＋2dBでよいでしょう。これで少しパンチはありつつも、軽い感じのビート感の音色に仕上げることができると思います。

キック／スネア／タム

| 収録フォルダ | PART1_kc_sn_tom | | スネア編 |

008B

ポップス〜ファット系

| 素材ファイル | 008_sn_pop_original.wav | → | 008B_sn_pop_f_comp.wav | 加工ファイル |

ニー	アタック	メイクアップ・ゲイン
24.3dB	32.7ms	3.6dB
レシオ	リリース	スレッショルド
11.5：1	210.5ms	−17.1dB

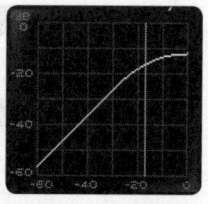

> **軽いスネアを重く後ノリの雰囲気に**

　008Aでは素材の軽さを生かしましたが、ここでは少し重い感じにして後ノリのビートに合うようにしてみましょう。レシオは少し高めの10：1〜12：1の間、ニーは強めのアタック音を丸めて柔らかくするためソフト寄りに設定、これで後ノリ感を出します。アタックは、丸くなったアタック音がコンプに引っかからず強調されるように30〜40msの間で設定してください。リリースはビートで聴いたときに余韻が跳ね返ってくる感じのポイントを探ります。この素材では210〜220msくらいです。スレッショルドは−3〜−4dBほどのリダクション量で、メイクアップ・ゲインも＋4dBくらいでよいと思います。アタック音が少しもたって、余韻が後ノリに聴こえれば完成です。

収録フォルダ PART1_kc_sn_tom　　　スネア 編

008C

ポップス〜タイト系

素材ファイル 008_sn_pop_original.wav ➡ 008C_sn_pop_t_comp.wav 加工ファイル

ニー	アタック	メイクアップ・ゲイン
9.4dB	55.3μs	3.0dB
レシオ	リリース	スレッショルド
18.9:1	16.1ms	−10.2dB

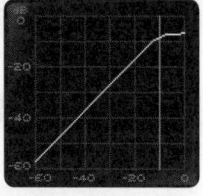

" 早めのリリースでキレを出す "

　ポップス系スネアのアタック音と余韻を共に派手にして、タイトでハッキリとしたビート感を出してみます。レシオは18:1〜20:1くらいの高めにして、ニーはアタック音がやや角張って聴こえるポイントでややハード寄りに設定。アタックは、スネアのアタック音と余韻が一体となって聴こえるタイミングを探りましょう。この素材では大体50μs前後になると思います。リリースは余韻が短めでキレが良くなるタイミングに設定。15ms前後がよいでしょう。スレッショルドはリダクション量が−2〜−3dBくらいでよく、メイクアップ・ゲインもリダクション量を取り戻すくらいの+3dBでOK。音にパンチが出て、近めに聴こえるようにするといいでしょう。

収録フォルダ PART1_kc_sn_tom

スネア 編

009A

ロック〜ナチュラル系

素材ファイル 009_sn_rock_original.wav → 009A_sn_rock_n_comp.wav 加工ファイル

ニー	アタック	メイクアップ・ゲイン
12.7dB	8.6ms	0.8dB
レシオ	リリース	スレッショルド
2.3:1	77.4ms	−12.0dB

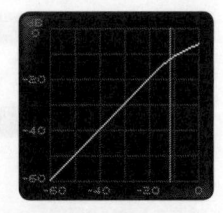

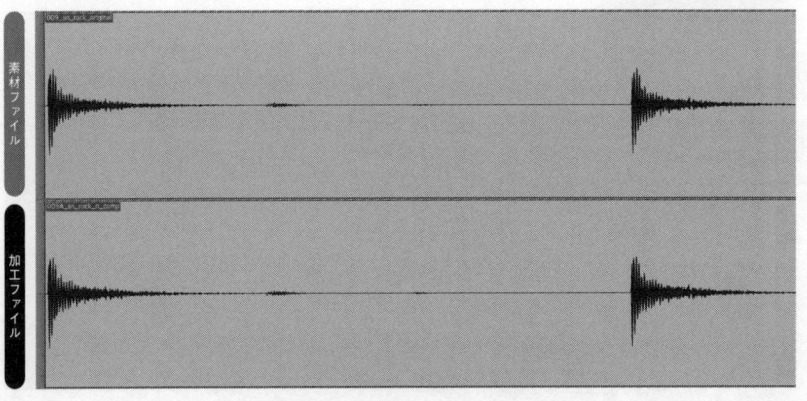

" リリースで響きを自然に大きくする "

　ロック系スネアの響きを生かした加工を行ってみましょう。レシオはごく低い2:1くらいに設定して、ニーはリム・ショット音が少し丸くなるようにややハードめにします。アタックは、リム・ショット音が十分聴こえるように8〜10msの間で調整してください。リリースは、アタック音よりも余韻の方が少し長めに聴こえるタイミングに調整します。大体70〜80msの間でよいでしょう。スレッショルドは、−1dBくらいと少なめのリダクション量になる程度に設定します。メイクアップ・ゲインもリダクション量を補う程度の＋1dBほどでよいと思います。これでスネアの響きが自然な感じで太くなり、素材よりも少し大きく聴こえるようになるでしょう。

収録フォルダ: PART1_kc_sn_tom

009B スネア編

ロック〜ファット系

素材ファイル: 009_sn_rock_original.wav → 009B_sn_rock_f_comp.wav 加工ファイル

ニー	アタック	メイクアップ・ゲイン
17.4dB	57.5ms	2.6dB
レシオ	リリース	スレッショルド
17.0：1	518.3ms	−19.2dB

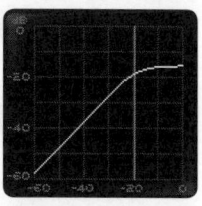

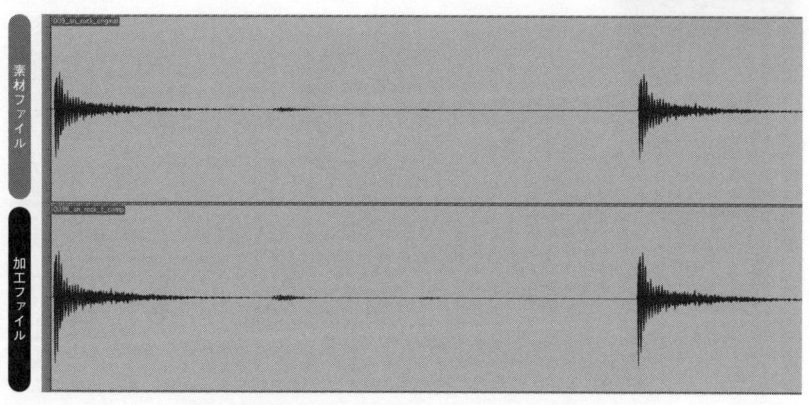

> ## 遅めのアタックとリリースで太さを出す

　ロック系スネアのアタック部分を太く伸ばしてパンチを出してみます。レシオは高めの18：1前後くらいで、ニーはアタック音を太めに聴こえさせるため、ややソフトな方向に設定します。アタックは、アタック音がコンプにかからず十分に出るように50〜60msの辺りで調整してください。リリースは、スネアのアタック音と余韻が同じぐらいの長さに聴こえるタイミングにします。この素材では520msくらいでよいでしょう。スレッショルドは、リダクション量が−2〜−3dB程度になるくらいでよく、メイクアップ・ゲインも＋2〜＋3dBでよいと思います。アタック音と余韻の音量および長さが同等で、スネアの口径が少し大きくなったように感じられれば成功です。

収録フォルダ PART1_kc_sn_tom

スネア編

009C

ロック〜タイト系

素材ファイル　009_sn_rock_original.wav　→　009C_sn_rock_t_comp.wav　加工ファイル

ニー	アタック	メイクアップ・ゲイン
23.2dB	11.7ms	2.4dB
レシオ	リリース	スレッショルド
2.7：1	6.3ms	−17.4dB

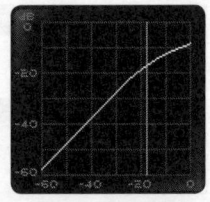

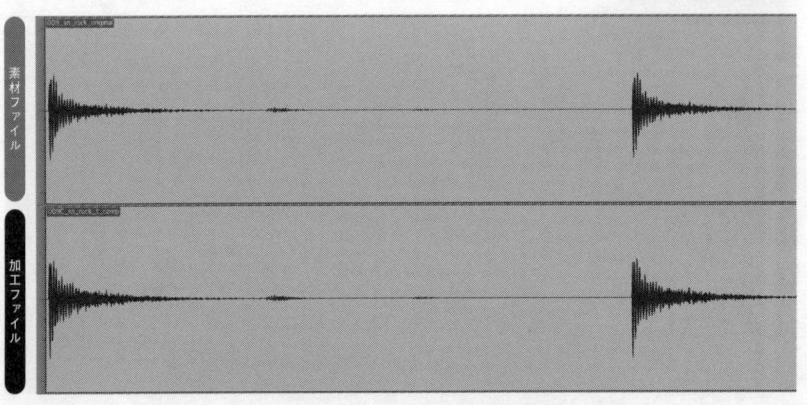

" アタックを強調してはっきりしたビートに "

　ロック系スネアの響きを抑えてスッキリしたタイトな音色に加工してみましょう。レシオは低めの2：1〜3：1、ニーはスネアのアタック音を丸め気味にして倍音を出すためソフト寄りに設定します。アタックは太めのアタック音がしっかり聴こえる10〜12msの辺りがよいでしょう。リリースは5〜7msくらいの早めで、スネアの余韻が少し歪み気味に聴こえるようにし、タイトなビートを目指します。スレッショルドはリダクション量が−2〜−3dBくらいで歪みすぎないようにしましょう。メイクアップ・ゲインは＋2〜＋3dB程度でよいと思います。スネア全体がザラザラとした感じになり、ビートがハッキリ聴こえるようにするのがパラメーター設定のコツです。

収録フォルダ: PART1_kc_sn_tom　　スネア編

009D

ロック〜歪み系

素材ファイル: 009_sn_rock_original.wav → 009D_sn_rock_dist_comp.wav 加工ファイル

ニー	アタック	メイクアップ・ゲイン
17.4dB	67.1μs	5.8dB
レシオ	リリース	スレッショルド
9.9：1	5.7ms	−20.4dB

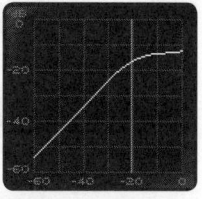

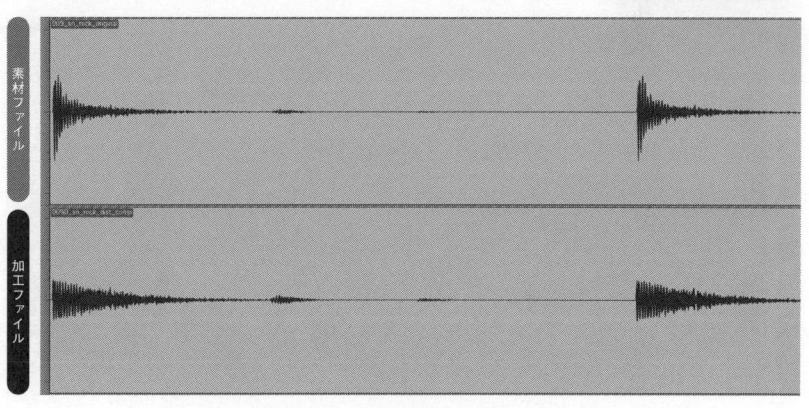

> **早めのリリースで余韻を歪みっぽく伸ばす**

　スネアの響きを強調しワイルドな感じに仕上げます。レシオはやや高めの10：1、ニーはアタック音を少し丸くして目立ちすぎない感じになるようにややソフトな方向にしましょう。アタックは、スネアのアタック音の倍音がうまく残るポイント、大体60〜70μs辺りで調整してみてください。リリースは最も早い設定の辺りで、余韻が跳ね返って大きく歪みっぽく聴こえるようにします。スレッショルドは程よく全体が歪むようにリダクション量は多めで、−12〜−14dBくらいにしましょう。メイクアップ・ゲインはあまり大きくならないように＋5〜＋6dBくらいでよいと思います。スネアの余韻が大きく伸びて聴こえて迫力ある感じになればよいでしょう。

収録フォルダ PART1_kc_sn_tom　　　　　　　　　　　　　　スネア 編

010A
ファンク〜ナチュラル系

素材ファイル: 010_sn_funk_original.wav ➡ 加工ファイル: 010A_sn_funk_n_comp.wav

ニー	アタック	メイクアップ・ゲイン
7.9dB	3.2ms	2.2dB
レシオ	リリース	スレッショルド
3.2：1	51.8ms	−15.6dB

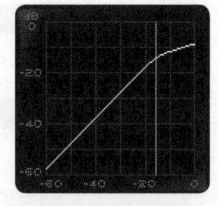

" リム・ショットのアタック音を強調 "

　口径が小さいファンク系スネア音色のリム・ショットを少し目立たせつつ自然な感じに仕上げてみましょう。レシオは低めの3：1〜4：1くらいで、ニーはリム・ショットの音が少し丸くなる程度のややハードめに設定します。アタックは、リム・ショットのアタック音が圧縮されず十分聴こえるように3〜4msで調整してください。リリースは余韻が少し残るくらいの長さをイメージして50ms前後で調整してみるといいでしょう。スレッショルドは、スネアの余韻が少し持ち上がるくらいの感じで−3dBほどリダクションする程度に設定し、メイクアップ・ゲインは＋2〜＋3dBほどでよいと思います。スネアの音像が素材よりも少し近めに聴こえるように調整していくのがコツです。

| 収録フォルダ | PART1_kc_sn_tom | | スネア 編 |

010B

ファンク〜ファット系

| 素材ファイル | 010_sn_funk_original.wav | ➡ | 010B_sn_funk_f_comp.wav | 加工ファイル |

ニー	アタック	メイクアップ・ゲイン
11.7dB	78.3ms	4.2dB
レシオ	リリース	スレッショルド
3.8:1	123.4ms	−29.1dB

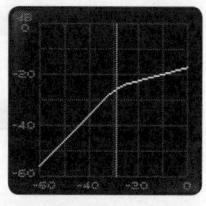

> **アタック音と余韻のバランスで迫力を出す**

　素材のスネアは小口径のニュアンスですが、そのサイズが大きくなったように感じる音色にしてみます。レシオは4:1くらいで、ニーはリム・ショットを太めに感じるややハード寄りの方向で調整してください。アタックは、リム・ショットの余韻の辺りまで遅くします。大体、70〜80msほどでよいでしょう。リリースはスネアの余韻が少し跳ね返って聴こえるように120〜130ms辺りで調整し、スレッショルドは−4〜−5dBほどのリダクション量で、スネアの余韻が少し盛り上がって聴こえる感じにします。メイクアップ・ゲインは＋4〜＋5dBくらいです。少し難しい設定ですが、リム・ショットとスネアの余韻が同じくらいの音量になって迫力が増す感じで作るとよいでしょう。

収録フォルダ PART1_kc_sn_tom

スネア編

010C

ファンク〜タイト系

素材ファイル: 010_sn_funk_original.wav → 加工ファイル: 010C_sn_funk_t_comp.wav

ニー	アタック	メイクアップ・ゲイン
5.7dB	1.3ms	1.6dB
レシオ	リリース	スレッショルド
60.9:1	10.4ms	−11.1dB

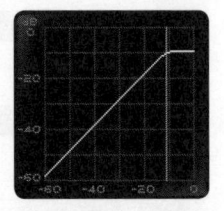

" 高いレシオでアタック音を引き立たせる "

ファンク系スネアのアタック音を強調してデッドでパンチのある音にしてみましょう。レシオは非常に高い60:1くらいにして、ニーはアタック音が少し角張って聴こえるハード寄りに設定します。アタックは、デッドなアタック音がおいしく聴こえるように1ms前後で調整してください。リリースは、余韻が短めになってキレが増すように早めの10ms前後で試してみましょう。スレッショルドはアタック音があまりつぶれない設定で、リダクション量は−1〜−2dBくらいです。メイクアップ・ゲインは、リダクションした分を取り戻す感じで+1〜+2dB程度でよいでしょう。キレを出すポイントは、余韻よりアタック音の方が大きく聴こえるようにすることです。

収録フォルダ PART1_kc_sn_tom　　　　　　　　　　　　　　スネア編

011A
ジャズ〜ナチュラル系

素材ファイル：011_sn_jazz_original.wav → 加工ファイル：011A_sn_jazz_n_comp.wav

ニー	アタック	メイクアップ・ゲイン
10.3dB	1.9ms	4.6dB
レシオ	リリース	スレッショルド
2.4：1	35.9ms	−14.4dB

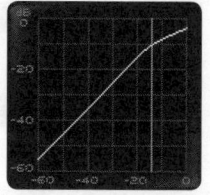

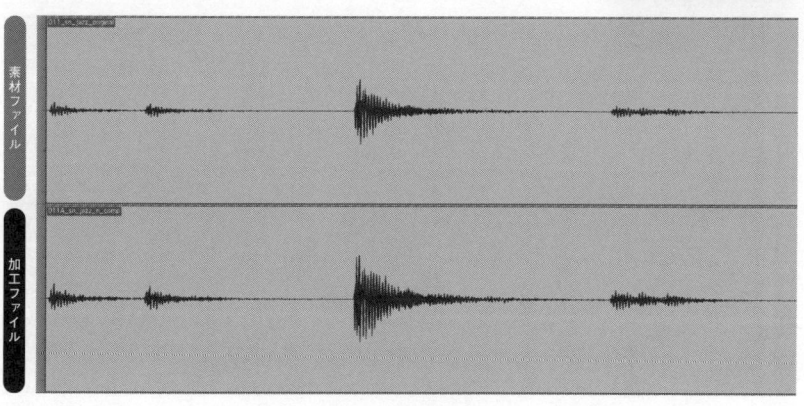

> **スナッピーの響きを自然に引き出す**

　素材はブラシでたたくジャズ系スネア音色。このスナッピーの音を自然な感じで少し大きく聴こえるようにしてみます。レシオは低めの2：1〜3：1で、ニーはブラシが少しざらつくようにややハード寄りに設定。アタックは、ブラシのアタック音がつぶれすぎず、なおかつ、ばらけないように1〜2msの範囲で調整します。リリースは低音部分が伸びすぎないように30〜40msで調整してください。スレッショルドは、ごく自然にコンプがかかる感じの−2〜−3dBほどのリダクション量にし、少し大きめに聴かせたいのでメイクアップ・ゲインを＋4〜＋5dBにします。アタック音と余韻の音量差を少し縮めるようなイメージで各パラメーターを調整するとよいでしょう。

収録フォルダ PART1_kc_sn_tom

スネア編

011B
ジャズ〜ファット系

素材ファイル: 011_sn_jazz_original.wav → 加工ファイル: 011B_sn_jazz_f_comp.wav

ニー	アタック	メイクアップ・ゲイン
13.0dB	83.5μs	6.0dB
レシオ	リリース	スレッショルド
9.7：1	11.5ms	−13.4dB

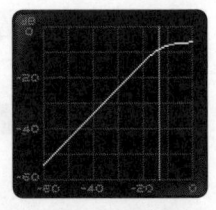

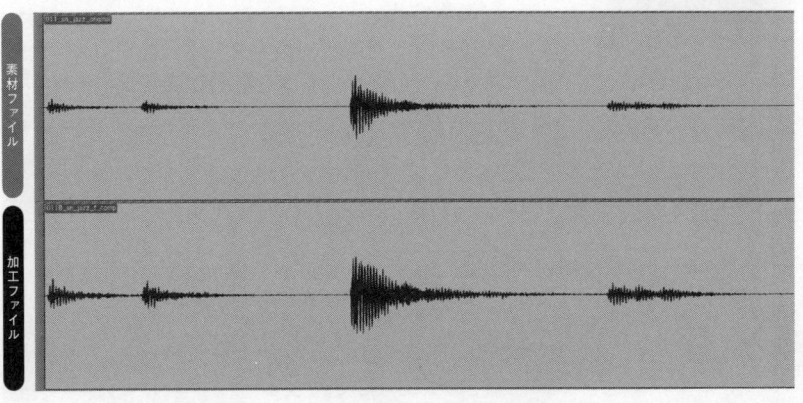

" ポンピングを利用して迫力増強 "

　ブラシでたたくジャズ系スネアのスナッピー音を大きく強調して余韻を伸ばし、ファットな感じにしてみます。レシオは少し高めの8：1〜10：1程度で、ニーはブラシのアタック音が太めに聴こえるように少しハード寄りの設定にします。アタックは、ブラシのアタック音が少し歪みっぽく聴こえるように80〜90μsの辺りで調整。リリースは、わざと早めに設定して余韻がポンピングして歪みっぽく聴こえるタイミングを探します。10〜12msくらいの範囲がよいでしょう。スレッショルドは、−5〜−6dBくらいリダクションするやや深めの設定で、メイクアップ・ゲインは＋6dBほどでよいと思います。これで全体的に歪みっぽく迫力のあるスネア・サウンドになると思います。

収録フォルダ PART1_kc_sn_tom

スネア 編

011C

ジャズ〜タイト系

素材ファイル 011_sn_jazz_original.wav → 加工ファイル 011C_sn_jazz_t_comp.wav

ニー	アタック	メイクアップ・ゲイン
6.4dB	32.7ms	5.0dB
レシオ	リリース	スレッショルド
3.1：1	45.4ms	−23.7dB

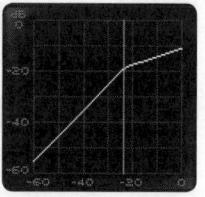

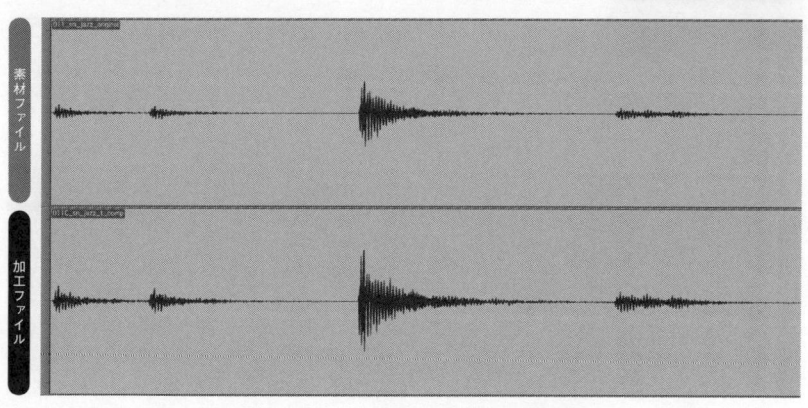

> **ブラシのアタック音でキレを演出**

011Bではスナッピー音を強調しましたが、ここではブラシのアタック音を強調してタイトかつ迫力のある音色にしてみましょう。レシオは低めの3：1、ニーはブラシのアタック音が目立つようにハード寄りに設定します。アタックは、ブラシの低音のアタック部分が圧縮されずに十分聴こえてくるように、30〜35msの範囲で調整してください。リリースは、スネアの低音部分が伸びすぎないようにするため45ms前後がよいと思います。スレッショルドは、−3dBくらいのリダクション量で、スナッピーの音がつぶれすぎないようにしましょう。メイクアップ・ゲインは、少し大きめに聴かせたいので＋5dBくらいにします。近めの音像でキレのあるビートになれば完成です。

収録フォルダ PART1_kc_sn_tom

スネア 編

012A

TR-808〜ナチュラル系

素材ファイル 012_sn_808_original.wav → 012A_sn_808_n_comp.wav 加工ファイル

ニー	アタック	メイクアップ・ゲイン
15.0dB	4.9ms	1.2dB
レシオ	リリース	スレッショルド
4.1:1	34.7ms	−14.1dB

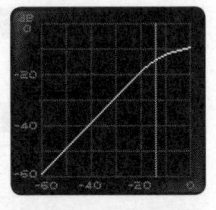

> **余韻のノイズ成分を抑えつつパンチを出す**

　TR-808のスネアを、少しデッドでドライな感じに加工してみます。レシオはナチュラル感を出すために4：1でよいでしょう。ニーは、アタック部分にあるノイズ成分を少し弱めたいのでハードとソフトのちょうど中間辺りに設定します。アタックは、アタック部分の"パチ"という音を自然に出したいので遅めの5ms前後がよいと思います。リリースは、余韻のノイズ成分が伸びすぎないタイミングを30〜40msの間で探ってみてください。スレッショルドは浅めです。−1〜−2dB程度のリダクション量でよく、メイクアップ・ゲインも＋1〜＋2dB程度にします。余韻のノイズ成分が大きくなりすぎないように注意しながら、パンチのある音に仕上げてください。

収録フォルダ PART1_kc_sn_tom

スネア編

012B

TR-808〜ファット系

素材ファイル 012_sn_808_original.wav　→　012B_sn_808_f_comp.wav 加工ファイル

ニー	アタック	メイクアップ・ゲイン
14.8dB	4.0ms	2.8dB
レシオ	リリース	スレッショルド
13.4：1	335.9ms	−15.9dB

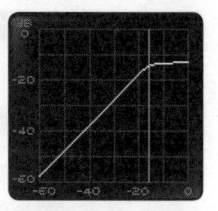

"リリースで余韻の低音部分を伸ばす"

　TR-808スネアの余韻を強調して太い音色にしてみましょう。レシオは少し高めの12：1〜14：1で、ニーはアタック部分のノイズが目立たないようにハードとソフトの中間辺りに設定します。アタックは、アタック音の低音部分がうまく強調される4msくらいがよいでしょう。リリースは、余韻の低音部分を伸ばすイメージで調整します。330〜340msの範囲で試してみてください。スレッショルドは、余韻の太い部分が跳ね返って聴こえる値を探します。リダクション量的には−3dBくらいです。メイクアップ・ゲインは＋3dBくらいでよいと思います。これでスネアのサイズが少し大きくなったように感じ、またビート的には後ノリに聴こえるようになると思います。

収録フォルダ PART1_kc_sn_tom　　　スネア編

012C

TR-808〜タイト系

素材ファイル 012_sn_808_original.wav → 012C_sn_808_t_comp.wav 加工ファイル

ニー	アタック	メイクアップ・ゲイン
7.2dB	845.8μs	2.2dB
レシオ	リリース	スレッショルド
20.2：1	9.4ms	−15.9dB

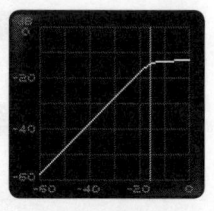

" 早いアタック設定で音像を近づける "

　TR-808スネアのアタックとノイズ成分を目立たせて、メリハリのある音色にしてみます。レシオは高めの20：1、ニーはアタック部分のノイズを目立たせたいのでハードな設定にします。アタックは、"パチ"という感じが強調されるように800〜900μsで調整してみてください。リリースは、スネアの低音部分をあまり出さないように早めの設定にします。大体、9〜10ms程度でよいでしょう。スレッショルドは、アタック感を出すように−3dBほどリダクションするまで下げてください。メイクアップ・ゲインは、大きく聴こえすぎないように+2〜+3dBでとどめておきましょう。加工するにつれ、音像がかなり近づいてくるイメージで調整していくとよいと思います。

収録フォルダ PART1_kc_sn_tom

スネア 編

012D
TR-808〜歪み系

素材ファイル 012_sn_808_original.wav → 012D_sn_808_dist_comp.wav 加工ファイル

ニー	アタック	メイクアップ・ゲイン
13.2dB	18.5μs	6.4dB
レシオ	リリース	スレッショルド
3.4:1	19.0ms	−20.1dB

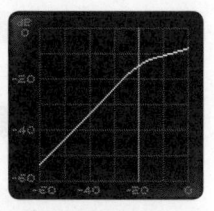

" ノイズ成分を引き出してワイルドな音色に "

　TR-808スネアの余韻部分にあるノイズ成分を目立たせて迫力のある音色にしてみます。レシオは多めのリダクション量を前提に3:1〜4:1と低め、ニーはアタック音を太くするためややハード寄りに設定します。アタックは、アタック音と余韻のノイズ成分が同時に鳴っている感じにしたいので、かなり早めの20μs前後で調整します。リリースもノイズ成分をしっかり目立たせたい、ので20ms前後と早めでよいでしょう。スレッショルドは、−10dBと多めのリダクション量になるよう設定して歪みを強調します。メイクアップ・ゲインは大きく聴こえすぎない＋6〜＋7dBくらいでよいでしょう。アタック音より余韻が大きく聴こえてワイルドな感じに仕上げるのがポイントです。

収録フォルダ PART1_kc_sn_tom　　　　　　　　　　　　スネア編

013A

TR-909〜ナチュラル系

素材ファイル 013_sn_909_original.wav → 013A_sn_909_n_comp.wav 加工ファイル

ニー	アタック	メイクアップ・ゲイン
10.5dB	2.6ms	2.0dB
レシオ	リリース	スレッショルド
2.9：1	28.4ms	−14.0dB

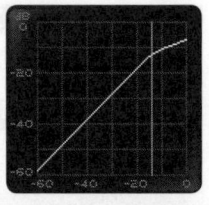

"程よい低音感で輪郭を際立たせる"

　TR-909スネアを自然な感じで明るくするための加工を施してみます。レシオは低めの2：1〜3：1くらいの設定にします。また、ニーはアタック部分のノイズ成分が目立ちすぎないようにややハード寄りにしてください。アタックは、アタック部分の低音が程よく聴こえる2〜3msくらいで調節するとよいでしょう。リリースは、アタック音よりも余韻部分が伸びすぎてしまわないように気を付けながら28〜30msで調整します。スレッショルドは浅めでよいでしょう。大体、−2dBくらいリダクションする程度で調整してください。メイクアップ・ゲインも＋2dBでよいと思います。コツとしては低音部分を出しすぎず、輪郭を際立たせるイメージで音作りしていくとよいでしょう。

収録フォルダ PART1_kc_sn_tom

スネア 編

013B

TR-909〜ファット系

素材ファイル 013_sn_909_original.wav → 013B_sn_909_f_comp.wav 加工ファイル

ニー	アタック	メイクアップ・ゲイン
4.9dB	147.0μs	3.6dB
レシオ	リリース	スレッショルド
10.6：1	9.4ms	−14.9dB

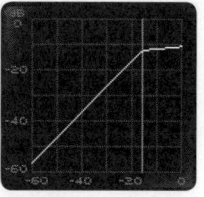

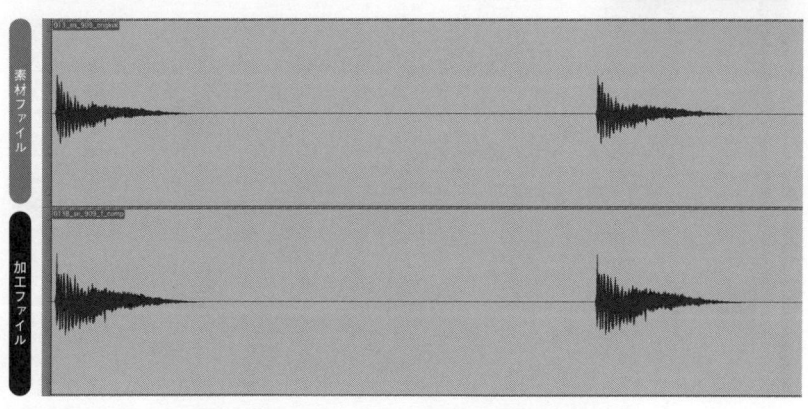

> **早めのリリースで余韻が跳ね返る感じに**

　TR-909スネアで特徴的な余韻のノイズ成分を目立たせて迫力を出してみます。レシオは高めの10：1、ニーはアタック音を少し目立たせたいのでハード寄りに設定します。アタックは、アタック部分にあるノイズ成分でコンプがうまく引っかかるように、100〜200μs辺りで調整してください。リリースはわざと早めにして余韻のノイズ成分が跳ね返る感じを出します。10ms前後で試してみてください。スレッショルドは深めで、リダクション量は−6dBくらいが目安です。メイクアップ・ゲインは音量が大きくなりすぎないように＋3〜＋4dB程度にしておきましょう。スネアの太い余韻が尾を引く感じで、ビート的には後ノリに聴こえるように加工してみてください。

収録フォルダ PART1_kc_sn_tom　　　　　　　　　　　　　　スネア 編

013C
TR-909〜タイト系

素材ファイル　013_sn_909_original.wav　➡　013C_sn_909_t_comp.wav　加工ファイル

ニー	アタック	メイクアップ・ゲイン
15.3dB	18.5ms	2.6dB
レシオ	リリース	スレッショルド
6.4：1	359.1ms	−17.3dB

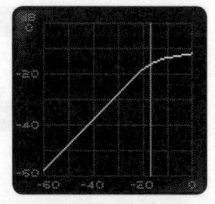

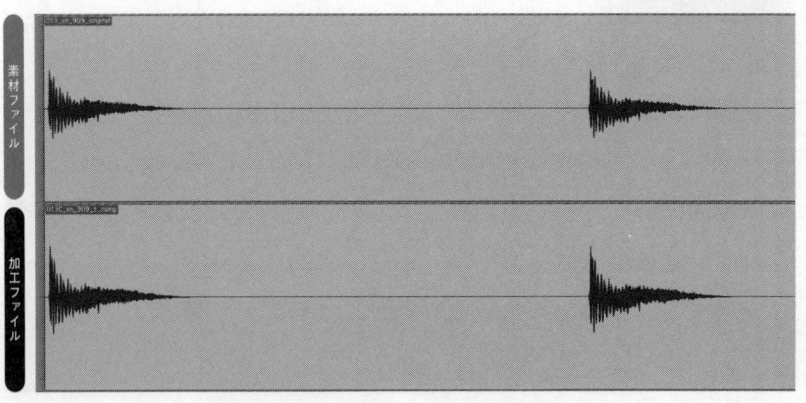

" **余韻を軽く抑えてアタックを出す** "

　TR-909スネアのアタック音をハッキリさせてタイト感のある音色に加工してみましょう。レシオは6：1〜8：1の間で調整します。ニーはアタック音を太めに目立たせたいので、ハードとソフトの中間辺りがよいでしょう。アタックは、アタック音がコンプにあまり引っかからず、うまく強調されるように遅めの18〜20msの範囲で設定してください。リリースは350〜360msと遅めに設定します。ノイズ成分を抑えて、余韻が持ち上がらないようにする感じです。スレッショルドは浅めで、リダクション量的には−2dBくらいでよいでしょう。メイクアップ・ゲインは＋2〜＋3dBでよいと思います。アタック部分は圧縮せず、余韻部分だけを圧縮するのがポイントです。

収録フォルダ: PART1_kc_sn_tom

スネア 編

013D

TR-909〜歪み系

素材ファイル: 013_sn_909_original.wav → 加工ファイル: 013D_sn_909_dist_comp.wav

ニー	アタック	メイクアップ・ゲイン
15.7dB	11.7μs	5.2dB
レシオ	リリース	スレッショルド
2.9:1	13.2ms	−19.1dB

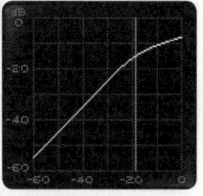

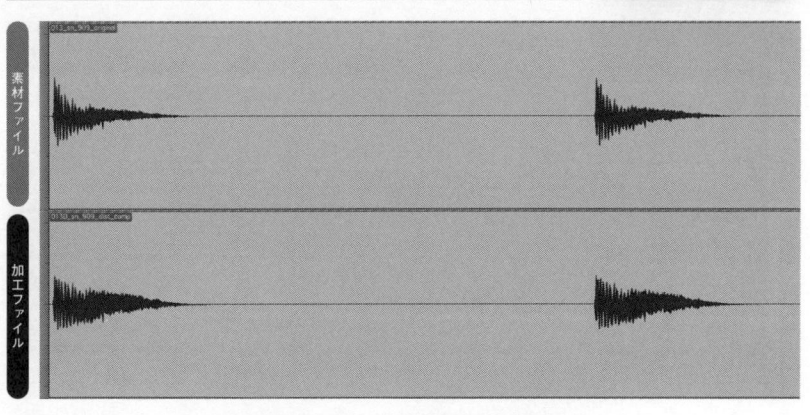

" 早いアタックで一体感のある音色に "

TR-909スネアのアタック音と余韻のノイズ成分に一体感を持たせて迫力を出してみます。レシオは抜けの良さを残すために、低めの2:1〜4:1くらいにします。また、ニーは太く迫力が出るように中間からややソフトな設定がよいでしょう。アタックは、アタック音と余韻が同時に鳴る感じにしたいので最も早い設定から試してください。

リリースは、ノイズ成分中の低音が目立ちすぎず、伸びすぎないよう10〜20msと早めにします。スレッショルドは、リダクション量を−8dB前後まで多くするとまとまり感が出ます。メイクアップ・ゲインは音量が大きくなりすぎない＋5dB程度でよいでしょう。アタック音と余韻のノイズ成分が同等の音量になるようにするのがコツです。

収録フォルダ PART1_kc_sn_tom　　　　　タム編

014A

ナチュラル系

素材ファイル: 014_tom_original.wav → 加工ファイル: 014A_tom_n_comp.wav

ニー	アタック	メイクアップ・ゲイン
15.1dB	2.2ms	1.0dB
レシオ	リリース	スレッショルド
4.4：1	22.5ms	−15.2dB

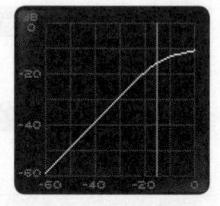

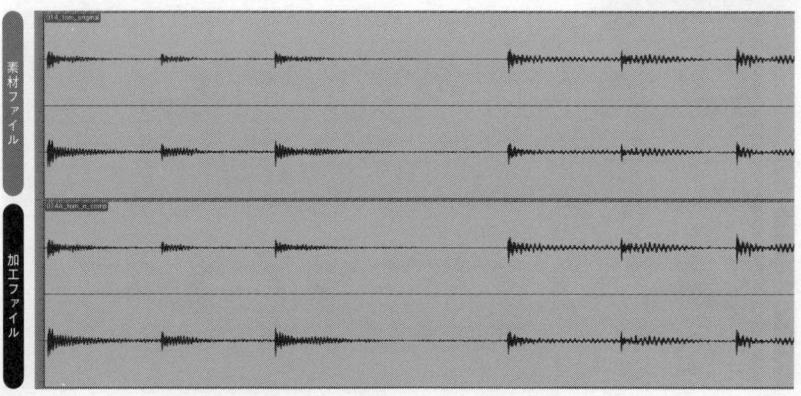

" ライブ感のある素材を"手前に近づける" "

　素材は少し部屋の奥で鳴っているような響きの多いライブ感のあるタムですが、これをもう少し"手前に近づけて"みましょう。レシオは自然な感じの4：1にして、ニーはタムのアタック音を少し太めにしたいのでハードとソフトの中間辺りに設定します。アタックは、アタック音を少し強調するために2ms前後で調整するとよいでしょう。リリースはクリアな感じを残すために早めの20〜30msの辺りで、余韻が伸びすぎないタイミングに調整してください。スレッショルドは浅めでよく、リダクション量は−1〜−2dBくらいが目安です。メイクアップ・ゲインも＋1dBくらいでよいでしょう。各パラメーターはあくまで自然な感じを残すように微調整してみてください。

収録フォルダ: PART1_kc_sn_tom

タム編

014B

ファット系

素材ファイル: 014_tom_original.wav → 加工ファイル: 014B_tom_f_comp.wav

ニー	アタック	メイクアップ・ゲイン
18.1dB	161.0ms	4.0dB
レシオ	リリース	スレッショルド
2.2：1	914.0ms	−29.9dB

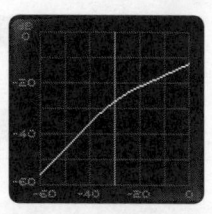

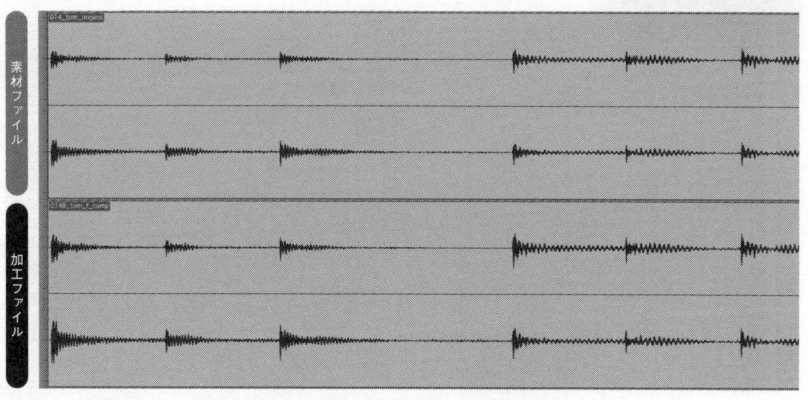

" フロア・タムのアタックや余韻に着目 "

　タムの口径がサイズ・アップしたように感じて、響きも太くなる設定を作ってみます。レシオは低音がやせないように2：1と低くして、ニーはフロア・タムのアタック音を太くするため、ややソフト寄りにします。アタックは、フロア・タムのアタック音がコンプにあまり引っかからず強調されるようにしたいので、かなり遅めの160ms前後に設定。リリースはフロア・タムの余韻を伸ばして迫力を出すために遅くします。900ms〜1sの範囲で調整しましょう。スレッショルドは−3〜−4dBほどのリダクション量で、余韻が自然に伸びる値を探ります。メイクアップ・ゲインは＋4dBでよいでしょう。これでタムのアタック音が目立って迫力が増すと思います。

収録フォルダ PART1_kc_sn_tom　　　　　　　　　　　　　　　　　タム 編

014C

タイト系

| 素材ファイル | 014_tom_original.wav | → | 014C_tom_t_comp.wav | 加工ファイル |

ニー	アタック	メイクアップ・ゲイン
6.7dB	724.8μs	2.2dB
レシオ	リリース	スレッショルド
5.0：1	13.2ms	−19.1dB

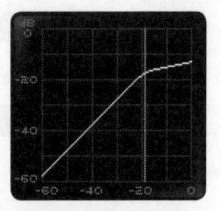

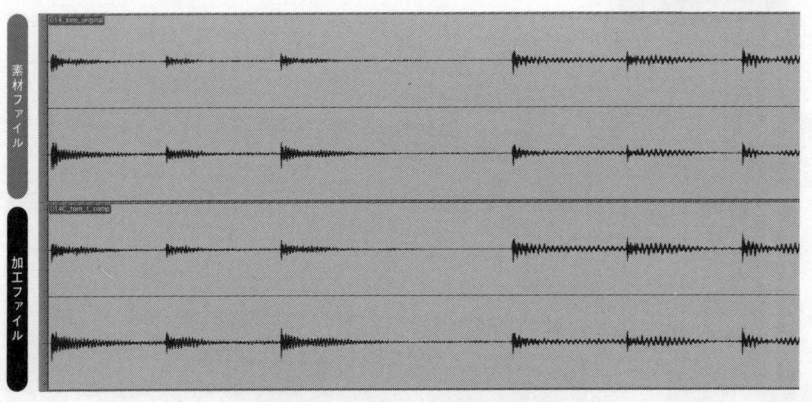

> ## 響きを抑えてアタック感をそろえる

　ライブ感のあるタムの響きを抑えてスッキリと聴かせるための設定例です。レシオは自然な感じが残る5：1、ニーはタムのアタック音がブライトな感じになるようハード寄りに設定します。アタックは、ハイ・タムからフロア・タムまですべてのアタック音が同じ感じで聴こえるように、700〜800μsの間で調整してください。リリースはタムの響きが短めで、低音も少なめに聴こえる10〜15msの間で調整します。スレッショルドは、フロア・タムのところでリダクション量が−6〜−7dBくらいになるように調整し、メイクアップ・ゲインは控えめの＋2〜＋3dBくらいでよいと思います。タムのフレーズが明るく近めに聴こえるように仕上げるのがポイントです。

第2章
ドラム・キット & パーカッション
DRUM & PERCUSSION

ここでは2ミックス化されたループ素材系のドラム・パターンにコンプをかけるテクニックを解説していきます。ポップスやロック、ファンク、クラブ・ミュージックなど音色違いによる多彩な素材をとりそろえたほか、同一音色でテンポ違いやパターン違いの素材も用意しました。ビートのノリやグルーブの違いが、コンプの各パラメーターへどのような影響を与えるのかということに注目して、じっくり試してみてください。さらに本章ではドラムだけでなく、パーカッションも4種類の楽器別素材と3種類のループ系素材を用意しています。

8ビート編 *088*
16ビート編 *097*
クラブ・ミュージック編 *106*
パーカッション編 *125*

収録フォルダ PART2_drum_percussion　　　　　8ビート編

015

ポップス系〜スロー・テンポ

70 BPM

素材ファイル 015_pop_70_original.wav → 015_pop_70_comp.wav 加工ファイル

ニー	アタック	メイクアップ・ゲイン
1.3dB	302.2μs	4.8dB
レシオ	リリース	スレッショルド
4.4：1	42.4ms	−17.1dB

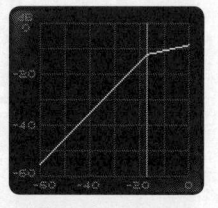

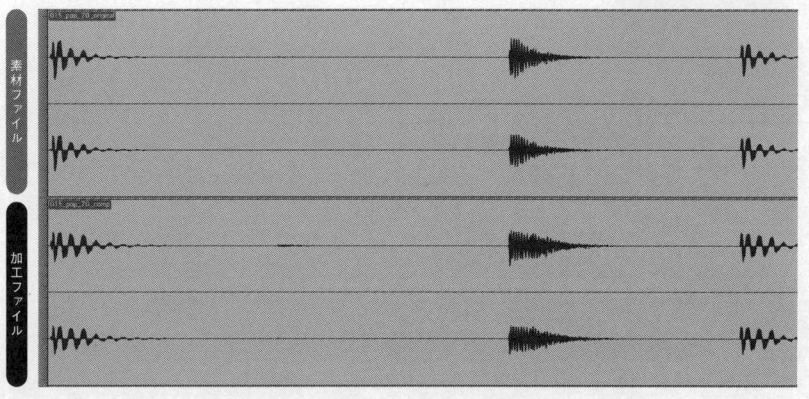

" リリースでキックの後ノリ感を出す "

　スローな8ビートのナチュラル感を残しつつ中低域にパンチを加え、ゆったり感を強調するために少し後ノリ気味にしてみます。レシオは自然な感じを残すために4：1に設定。ニーはハード寄りでキックのアタック感を残します。アタックは、スネアのアタック音がコンプに引っかからず少し飛び出しつつ、キックのアタック音にうまくコンプがかかるポイントを探し、300〜500μsの間で調整します。リリースはキックが後ノリに聴こえるポイント、大体40〜50msの範囲で設定してください。スレッショルドは−4dBくらいのリダクション量になる設定で、メイクアップ・ゲインは＋5dBくらいにします。スネアがキックよりも前ノリ気味に聴こえるようにするのがコツです。

収録フォルダ PART2_drum_percussion　　　8ビート編

016

ポップス系〜ミディアム・テンポ | 110 BPM

素材ファイル 016_pop_110_original.wav ➡ 016_pop_110_comp.wav 加工ファイル

ニー	アタック	メイクアップ・ゲイン
0.9dB	371.3μs	5.6dB
レシオ	リリース	スレッショルド
4.9：1	25.7ms	−16.5dB

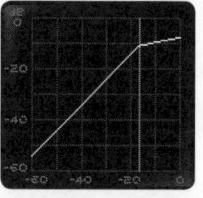

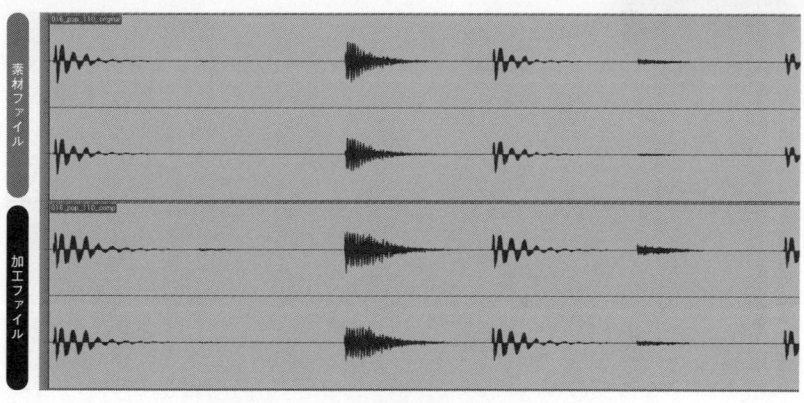

" スネアの中低域を強調してタイトに "

　ミドル・テンポのシンプルなポップス系パターンなので、スネアの中低域を強調してタイトに感じられるビートに加工してみます。レシオは少し高めの5：1くらいに設定して、ニーはスネアのアタックを強調するためハードにします。アタックは、キックとスネアのアタック音が均等の音量になるように300〜400μsの範囲で調整してください。リリースは、リズムがもたらない感じに聴こえるよう早めにするのがコツです。20〜30msの間で調整してみましょう。スレッショルドは−7dBくらいリダクションさせて、コンプが深めにかかるように設定します。あとはリダクションした分の音量を取り戻す感じで、メイクアップ・ゲインを＋5〜＋7dB上げれば完成です。

収録フォルダ PART2_drum_percussion　　　8ビート編

017

ポップス系〜アップ・テンポ | 130 BPM

素材ファイル　017_pop_130_original.wav　→　017_pop_130_comp.wav　加工ファイル

ニー	アタック	メイクアップ・ゲイン
1.6dB	433.3μs	5.6dB
レシオ	リリース	スレッショルド
4.9:1	17.8ms	−16.5dB

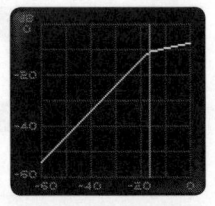

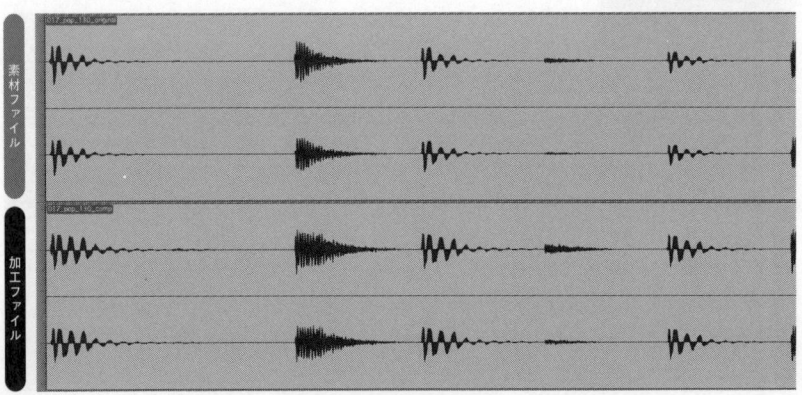

" ハイハットとスネアのつぶし具合がポイント "

　速いテンポの8ビートなので、ハイハットとスネアで疾走感を出してみます。レシオは少し高めの5:1程度に設定し、ニーはハイハットのアタック音が少し歪みっぽくなるようハードにします。アタックは、ハイハットとスネアのアタック音がそろって聴こえるように500μs前後で調整してください。リリースは、テンポが速いので10〜20msと早めの設定にするといいでしょう。スレッショルドは、ハイハットとスネアがよい感じにつぶれる値を狙い、−6〜−7dBほどリダクションするように調整します。メイクアップ・ゲインは＋6dBくらいでよいでしょう。ハイハットとスネアが走り気味に聴こえるようにアタック／リリース／スレッショルドを調整するのがポイントです。

収録フォルダ PART2_drum_percussion　　　　8ビート編

018
ロック系①〜スロー・テンポ | 70 BPM

素材ファイル 018_rock1_70_original.wav → 018_rock1_70_comp.wav 加工ファイル

ニー	アタック	メイクアップ・ゲイン
2.1dB	505.6μs	4.2dB
レシオ	リリース	スレッショルド
4.3:1	24.9ms	−12.0dB

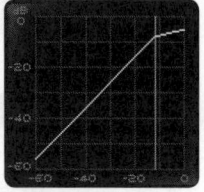

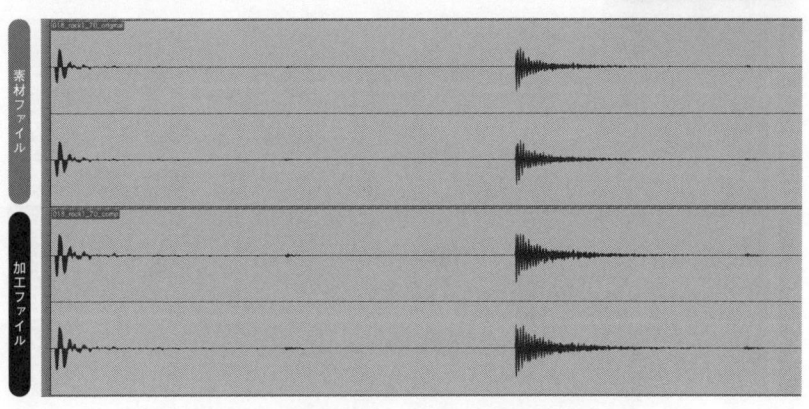

> **キックにコンプを引っかけて余韻を生かす**

　ゆったりしたロック系パターンなので、大口径キックの余韻を十分に生かすような加工を行ってみます。レシオはナチュラルに低音が伸びる4：1に設定してください。ニーはハード寄りで、キックのアタック音が少し丸く感じるようなポイントに調整します。アタックは500μs〜1ms前後で、キックのアタック音を少しだけ残して、その後にコンプがかかるイメージで調節してみましょう。リリースは、キックの余韻が跳ねて聴こえる20〜30msの間で設定します。スレッショルドは−4〜−5dBほどリダクションするように下げていき、キックにコンプが引っかかって音量感が大きくなるところを探ってください。メイクアップ・ゲインは＋4〜＋5dBでよいと思います。

収録フォルダ PART2_drum_percussion

019

ロック系①〜ミディアム・テンポ | 110 BPM

8ビート 編

素材ファイル 019_rock1_110_original.wav → 019_rock1_110_comp.wav 加工ファイル

ニー	アタック	メイクアップ・ゲイン
4.2dB	259.0μs	4.4dB
レシオ	リリース	スレッショルド
4.8：1	19.1ms	−14.1dB

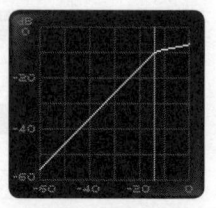

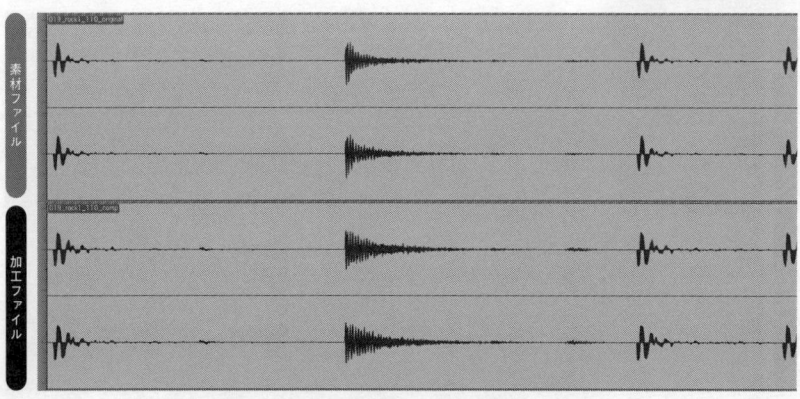

" スネアをつぶしてパンチ感を出す "

　スネアのパンチ感を出すための加工を行ってみましょう。レシオは少し高めの5：1くらいにして、ニーはスネアの頭が少しつぶれ気味に聴こえるようハード寄りに設定します。アタックは、スネアのアタック音がほどよくつぶれて余韻と同程度の音量になる値を探してみてください。大体、300〜500μsの間になると思います。リリースは10〜20msと早めで、スネアがはっきりとしたビート感を打ち出すようなタイミングに調節するとタイト感が増します。スレッショルドは、−4〜−5dBほどのリダクション量になるように設定してください。メイクアップ・ゲインも＋4〜＋5dBでよいでしょう。スレッショルドでスネアを"パーン"と気持ちよくつぶせるとパンチ感が出ると思います。

収録フォルダ PART2_drum_percussion　　8ビート編

020

ロック系①〜アップ・テンポ

130 BPM

素材ファイル 020_rock1_130_original.wav → 加工ファイル 020_rock1_130_comp.wav

ニー	アタック	メイクアップ・ゲイン
5.2dB	335.0μs	3.8dB
レシオ	リリース	スレッショルド
5.1:1	11.6ms	−15.0dB

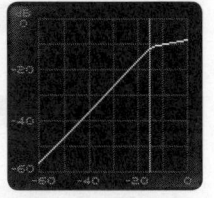

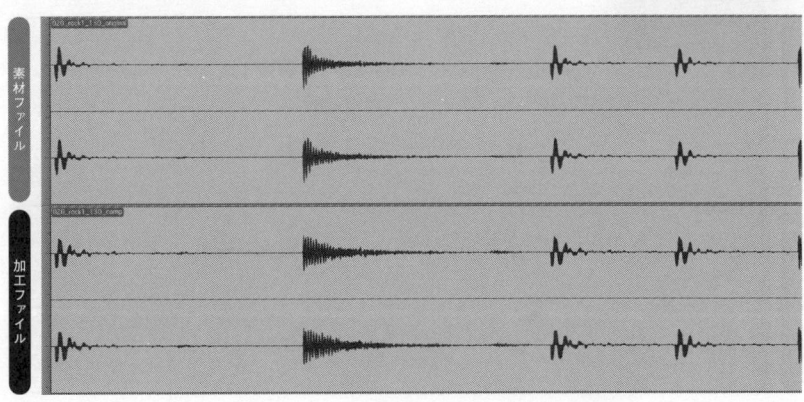

"キックのパチパチ感を出して跳ねさせる"

　アップ・テンポのパターンにコンプを強めにかけて、キックが少し跳ねた感じで前のめりに聴こえるビートにしていきます。レシオは5:1、ニーはキックのアタック音を立たせつつも、スネアのアタック音を少し丸い感じにしたいので、完全なハードよりも少しだけソフト側に戻します。アタックは300〜400μs近辺で、キックのアタック音が程よく聴こえるように調整してください。リリースはキックの余韻が短めになる10ms前後に設定します。スレッショルドは少し深めで、−6〜−7dBくらいリダクションしてみてキックが"パチパチ"といった感じで聴こえてくる値を探します。メイクアップ・ゲインは元音より少し大きめになる+3〜+4dBくらいでよいと思います。

収録フォルダ PART2_drum_percussion 8ビート編

021

ロック系②〜スロー・テンポ | 70 BPM

素材ファイル 021_rock2_70_original.wav → 021_rock2_70_comp.wav 加工ファイル

ニー	アタック	メイクアップ・ゲイン
9.3dB	411.5μs	4.6dB
レシオ	リリース	スレッショルド
7.0:1	21.8ms	−15.6dB

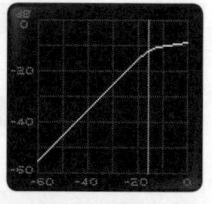

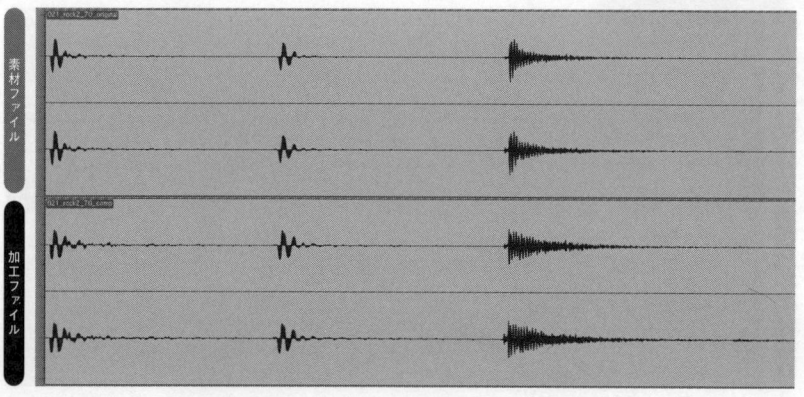

" 腕っ節の強いドラマーのプレイを演出 "

テンポが遅めのロック系8ビートです。キックにコンプが強めにかかるように設定して太さを出してみましょう。レシオを少し高めの7:1、ニーはややハードめでキックのアタックが太めに聴こえるポイントを探します。アタックは、スネアとキックのアタック音がコンプに引っかからず、やや飛び出すように400〜500μs辺りを探ってみてください。

リリースはキックの余韻が少しポンピングするような感じで、ビートに合わせて大きく聴こえるように20〜30msで調節してみましょう。スレッショルドはリダクション量がやや多めの−7〜−8dBくらいのリダクションを目安に深めにしてみてください。ドラマーの腕っ節が強くなったような感じに仕上げればよいでしょう。

収録フォルダ PART2_drum_percussion　　8ビート編

022

ロック系②〜ミディアム・テンポ | 110 BPM

素材ファイル 022_rock2_110_original.wav → 022_rock2_110_comp.wav 加工ファイル

ニー	アタック	メイクアップ・ゲイン
7.0dB	411.5μs	3.2dB
レシオ	リリース	スレッショルド
7.0:1	21.8ms	−11.4dB

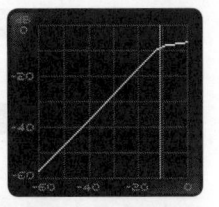

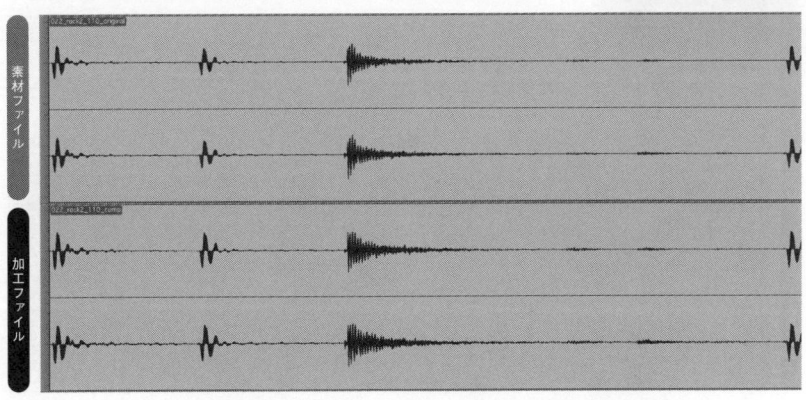

> " ハード寄りのニーでスネアのアタックを強調 "

　ミディアム・テンポのロック系8ビートでは、スネアをタイトにしてトップ・シンバルのフレーズもはっきり聴こえるようにしてみます。レシオは7:1、ニーはハード寄りでスネアのアタック音が大きく聴こえる感じにします。アタックは、キックよりスネアのアタック音の方が少し大きく聴こえるポイントを探して400〜500μs辺りで調整。リリースはスネアの余韻が長すぎずタイトになるよう20〜30msで調整します。スレッショルドはスネアがつぶれすぎないように−3〜−4dB程度のリダクション量に設定して、メイクアップ・ゲインは＋3〜＋4dBくらいでよいでしょう。トップ・シンバルとスネアが大きめで、ビートがタイトになるように調整してみてください。

収録フォルダ PART2_drum_percussion　　　8ビート 編

023
ロック系②〜アップ・テンポ

| 130 BPM |

素材ファイル　023_rock2_130_original.wav　→　023_rock2_130_comp.wav　加工ファイル

ニー	アタック	メイクアップ・ゲイン
7.0dB	318.2μs	4.0dB
レシオ	リリース	スレッショルド
7.2:1	31.4ms	−10.8dB

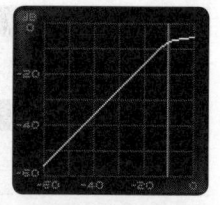

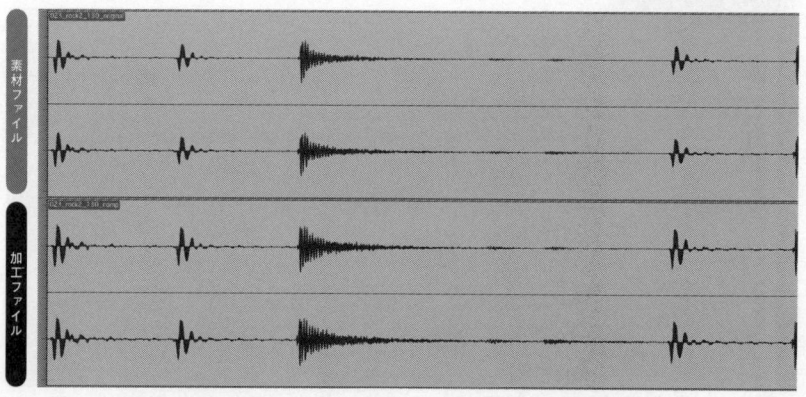

アタックとリリースでスネアを派手なサウンドに

　このアップ・テンポの8ビートは、スネアがロックっぽく派手に聴こえるサウンドを目指してみます。レシオは7:1くらいで、ニーはハード寄りにしてスネアのアタック音が少し歪みっぽくなる値にします。アタックは、スネアのアタック音があまり強調されず余韻と一体となって聴こえるように300〜400μsくらいで調整してください。リリースは、キックよりもスネアの余韻が少し長めに聴こえるポイントを探してみましょう。大体30〜40msくらいになると思います。スレッショルドは、キックよりスネアが大きく聴こえるように−3〜−4dBのリダクション量でよいでしょう。メイクアップ・ゲインはリダクション量を取り戻すくらいで調節してみてください。

収録フォルダ: PART2_drum_percussion　　16ビート編

024 ファンク系①〜スロー・テンポ | 70 BPM

素材ファイル: 024_funk1_70_original.wav → 加工ファイル: 024_funk1_70_comp.wav

ニー	アタック	メイクアップ・ゲイン
8.5dB	505.6μs	3.4dB
レシオ	リリース	スレッショルド
8.6：1	19.7ms	−10.8dB

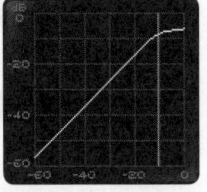

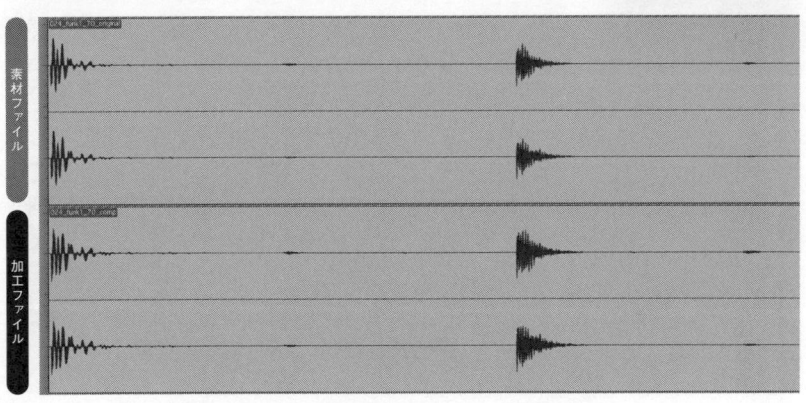

"キックの余韻を持ち上げて太さを出す"

ゆったりとした16ビートなので、キックの余韻を太く伸ばす感じにしてみましょう。レシオは少し高めの8：1程度にして、ニーはハード寄りながらもスネアのアタックが少し丸まるポイントにします。アタックは、キックのアタック音が圧縮されず、その後の余韻でうまくコンプがかかるタイミングを探して500μs前後で調整しましょう。リリースはキックの余韻がうまく持ち上がる20ms前後を探ってみてください。スレッショルドは深めにしますが、キックの余韻がつぶれすぎない−6dB前後のリダクション量から試してみましょう。メイクアップ・ゲインは＋3〜＋4dB程度です。スネアがちょっと後ノリに聴こえて、キックの余韻が盛り上がる感じを狙うのがコツです。

PART2_drum_percussion　　　　　　　　　　16ビート 編

025

ファンク系①〜ミディアム・テンポ | 110 BPM

素材ファイル: 025_funk1_110_original.wav → 加工ファイル: 025_funk1_110_comp.wav

ニー	アタック	メイクアップ・ゲイン
6.4dB	890.5μs	3.4dB
レシオ	リリース	スレッショルド
9.5：1	19.7ms	−9.6dB

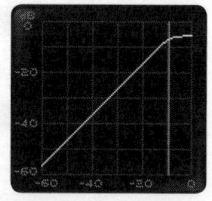

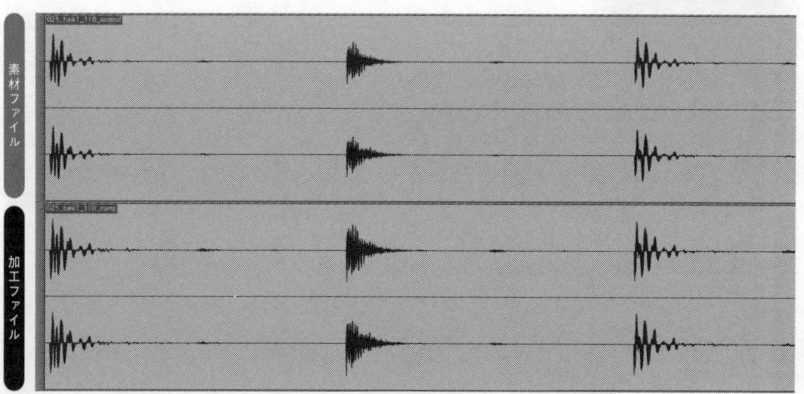

" スネアのリム・ショットを強調してビートの輪郭を出す "

　ブラック・ミュージック的なリム・ショットを強調した音色にしてみましょう。レシオはやや高めの10：1から始めてみてください。ニーはリム・ショットがうまく強調されるようにハード寄りにします。アタックは、リム・ショットのアタック音が目立つタイミングを探して800〜900μs前後で調整してみてください。リリースは、スネアの余韻が少し伸びるようなタイミングに設定します。大体、20msくらいになるでしょう。スレッショルドは少し深めで、−5〜−6dBほどのリダクション量で調整してみてください。メイクアップ・ゲインは＋3〜＋4dBくらいでよいでしょう。これでリム・ショットの音が際立ち、ビート全体も輪郭のはっきりしたサウンドになると思います。

収録フォルダ PART2_drum_percussion　　　16ビート編

026
ファンク系①〜アップ・テンポ

130 BPM

素材ファイル: 026_funk1_130_original.wav → 加工ファイル: 026_funk1_130_comp.wav

ニー	アタック	メイクアップ・ゲイン
6.6dB	1.5ms	3.0dB
レシオ	リリース	スレッショルド
9.5：1	29.4ms	−9.6dB

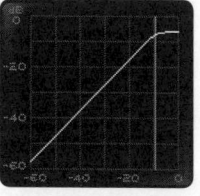

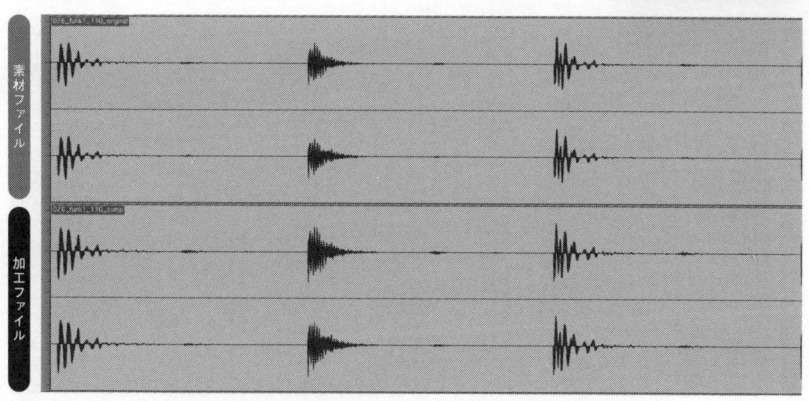

" ハイハットを強調してよりグルービーに "

　速めの16ビート・パターンなので、ハイハットをより強調して少し跳ねた感じを出してみましょう。レシオは少し高めの10：1前後にし、ハイハットのアタック音が少し強調されるくらいハードなニーに設定します。アタックは、ハイハットとスネアのアタック音があまり圧縮されない少し遅めの2ms前後がいいでしょう。リリースはスネアとキックのアタック音と余韻がほぼ同じ音量に聴こえるタイミング、大体20〜30msの間で調整します。スレッショルドは−3〜−4dBくらいのリダクション量でよいでしょう。メイクアップ・ゲインはリダクション量を取り戻すくらいでOKです。これでハイハットが強調され、よりグルーブ感のあるビートになると思います。

収録フォルダ PART2_drum_percussion　　16ビート 編

027

ファンク系②〜スロー・テンポ | 70 BPM

素材ファイル 027_funk2_70_original.wav → 027_funk2_70_comp.wav 加工ファイル

ニー	アタック	メイクアップ・ゲイン
4.5dB	1.1ms	3.2dB
レシオ	リリース	スレッショルド
6.6：1	48.5ms	−9.0dB

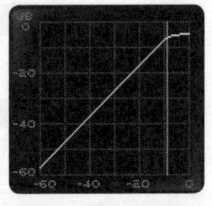

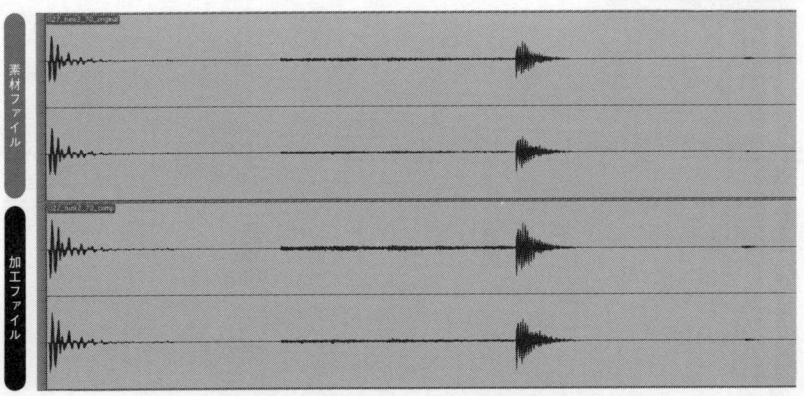

> ## 後ノリな感じのハイハットに加工

　このスローな16ビートでは、オープン・ハイハットが後ノリで聴こえるように調整してみます。レシオはやや高めの7：1くらいで、ニーはハイハットとスネアのアタック音が少し角張って聴こえるようにハード寄りに設定します。アタックは、キックのアタック音がコンプにひっかからず少し飛び出て聴こえる1ms前後がよいでしょう。リリースは、ハイハットとキックの余韻が少し伸びてビート感が出るタイミングを40〜50msの間で探してみてください。スレッショルドは−3dB程度リダクションするくらいでよく、メイクアップ・ゲインは、そのリダクション量を取り戻すくらいの＋3dB程度で構いません。ハイハットが後ノリな感じで気持ちよくグルーブしてきたら完成です。

収録フォルダ: PART2_drum_percussion　　　16ビート編

028

ファンク系②〜ミディアム・テンポ | 110 BPM

素材ファイル: 028_funk2_110_original.wav → 加工ファイル: 028_funk2_110_comp.wav

ニー	アタック	メイクアップ・ゲイン
3.4dB	763.1μs	2.4dB
レシオ	リリース	スレッショルド
6.0:1	25.7ms	−8.4dB

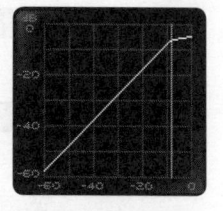

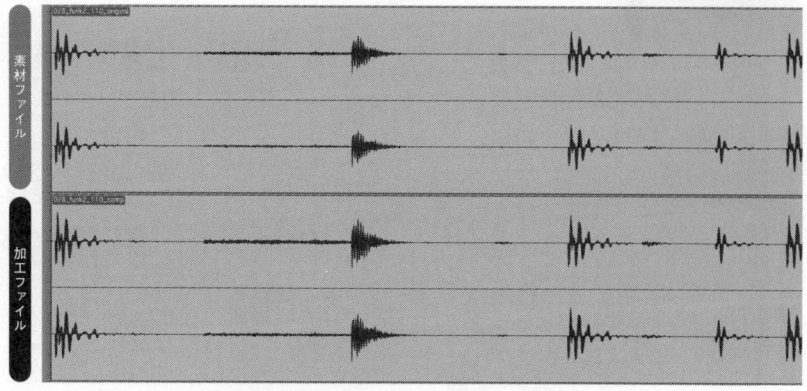

" スネアを後ノリのグルーブに "

このようなミディアム・テンポの16ビートは、スネアを少し後ノリにするとよりカッコよくなります。まず、レシオを6:1くらいにして、ニーをハード寄りするとスネアのリム・ショットが大きめに聴こえるようになります。アタックは、リム・ショットのアタック音を強調するとともに、スネアのミュート感がうまく出るタイミングを狙い、700〜800μsの間で調整してみてください。リリースはリム・ショットの余韻が長すぎない感じの20〜30ms辺りがよいでしょう。スレッショルドは軽く−2〜−3dBほどリダクションする程度で、メイクアップ・ゲインも＋2〜＋3dBほどでよいでしょう。これでリム・ショットが少し後ノリ気味に聴こえてくると思います。

収録フォルダ PART2_drum_percussion　　16ビート編

029

ファンク系②〜アップ・テンポ | 130 BPM

素材ファイル 029_funk2_130_original.wav → 029_funk2_130_comp.wav 加工ファイル

ニー	アタック	メイクアップ・ゲイン
5.1dB	724.8μs	2.4dB
レシオ	リリース	スレッショルド
6.9:1	25.7ms	−8.7dB

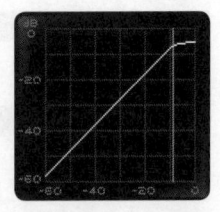

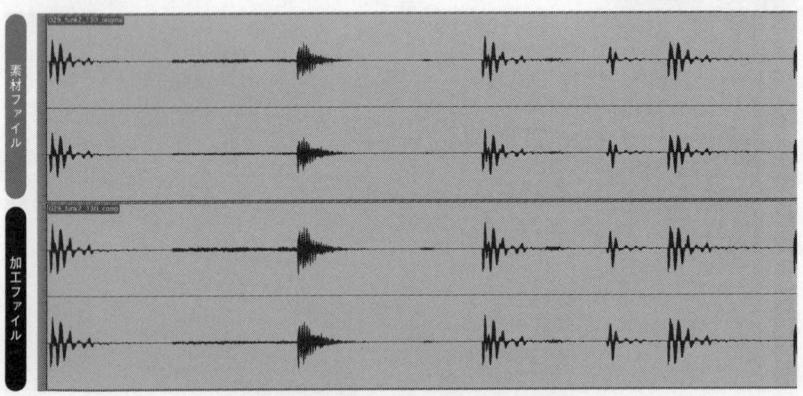

" **キックのグルーブを中心に加工** "

　このアップ・テンポな16ビートでは、キックがよい感じで跳ねる雰囲気を出してみましょう。レシオは少し高めの7:1くらいで、ニーはキックのアタック音が少し強めに聴こえるくらいまでハード寄りにします。アタックは、キックのアタック音がうまく強調されるように700〜800μsの間で探してみてください。リリースはキックの余韻があまり伸びない感じにしたいので、20〜30msの間くらいで調整します。スレッショルドは−2〜−3dBくらいの軽いリダクション量で十分でしょう。メイクアップ・ゲインもリダクションした分を戻すくらいで大丈夫です。キックとスネアの音量が同じくらいになると、キックが跳ねて聴こえるようになると思います。

収録フォルダ PART2_drum_percussion　　16ビート編

030

ファンク系③〜スロー・テンポ | 70 BPM

素材ファイル: 030_funk3_70_original.wav → 加工ファイル: 030_funk3_70_comp.wav

ニー	アタック	メイクアップ・ゲイン
5.1dB	845.8μs	1.4dB
レシオ	リリース	スレッショルド
8.4:1	28.4ms	−8.7dB

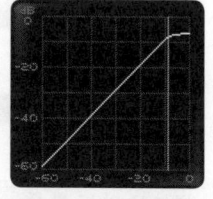

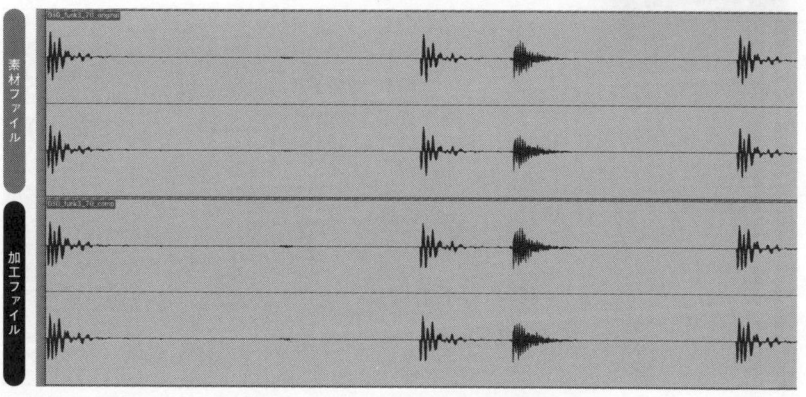

" ファンクっぽさをさらに強調 "

　このビートではキックの音色とノリを強調して、よりファンクっぽいサウンドに加工してみます。レシオはやや高めの8:1くらいに設定します。そして、スネアとキックのアタック音を少しつぶすイメージのハード寄りなニーにしてください。アタックは、キックのアタック音がコンプに引っかからず十分に飛び出して聴こえるように、800〜900μsの間で調節しましょう。リリースはキックの余韻が伸びすぎず、キレがよくなるように20〜30msの間で調整します。さらに、キックに少しパンチ感を与えるため、−2〜−3dBくらいリダクションするようにスレッショルドを設定してみてください。メイクアップ・ゲインは控えめの＋2dB程度でよいでしょう。

収録フォルダ PART2_drum_percussion　　　16ビート編

031

ファンク系③〜ミディアム・テンポ | 110 BPM

素材ファイル：031_funk3_110_original.wav → 031_funk3_110_comp.wav：加工ファイル

ニー	アタック	メイクアップ・ゲイン
4.6dB	890.5μs	2.2dB
レシオ	リリース	スレッショルド
7.7：1	26.6ms	−9.0dB

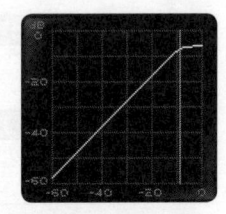

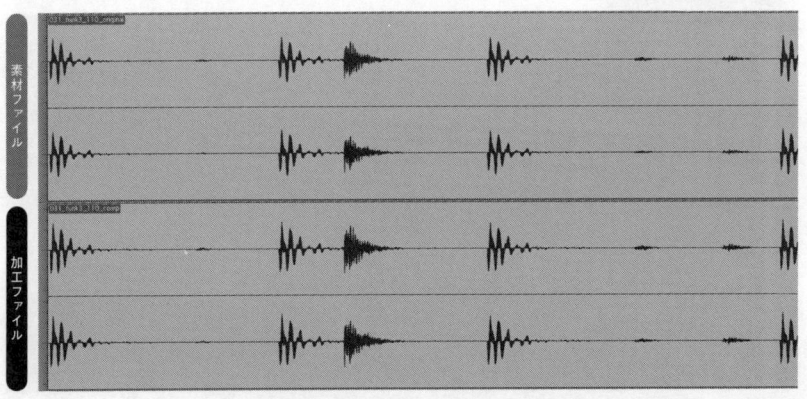

> " リリースのタイミングで軽快なノリのハイハットに "

　全体的に少し跳ねた雰囲気のあるミディアム・テンポの16ビートですが、このハイハットのノリをより強調してみましょう。レシオは少し高めの7：1くらいで、ニーはハイハットとスネアの音色が少し角張る感じをイメージしながらハード寄りに設定します。アタックは、スネアとキックのアタック音をはっきり出すために900μs前後で調整するといいでしょう。リリースは、オープン・ハイハットが伸びすぎず、キレのよい感じに聴こえるように、25ms前後を探ってみてください。スレッショルドはあまり深くせず、−3dBくらいのリダクション量を目安にします。メイクアップ・ゲインは2dBほどでよいでしょう。ハイハットが軽快に跳ねる感じに仕上げてください。

収録フォルダ PART2_drum_percussion　　16ビート編

032 ファンク系③〜アップ・テンポ

130 BPM

素材ファイル：032_funk3_130_original.wav → 加工ファイル：032_funk3_130_comp.wav

ニー	アタック	メイクアップ・ゲイン
4.6dB	803.4μs	2.4dB

レシオ	リリース	スレッショルド
7.4：1	37.1ms	−8.4dB

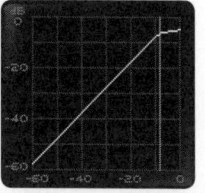

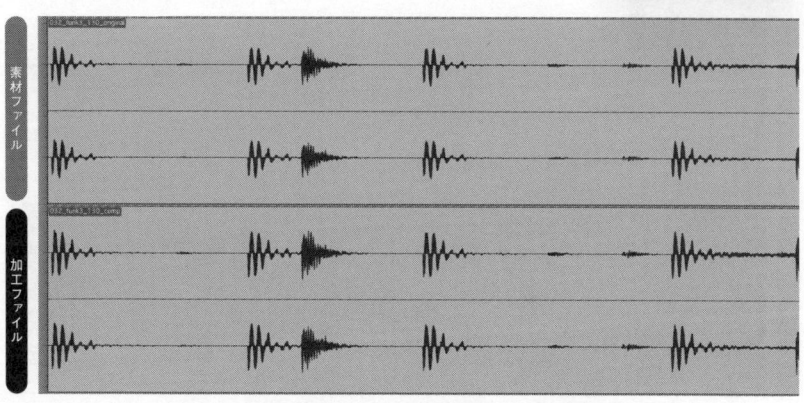

" キックの押し出し感をアタックで強調 "

　少し跳ねている16ビートのスピード感をより強調して、キックをパンチのある音色にしてみましょう。レシオは少し高めの7：1にして、ニーはキックのアタックがほどよく目立つ感じのハード寄りにします。アタックは、キックのアタック音の押し出し感が強まる値を探すのですが、800μs前後がよいでしょう。リリースは、キックのアタック音と余韻が同程度の音量に聴こえる40ms前後で調節してみてください。スレッショルドは−1〜−2dBほどのリダクション量にしてあまりつぶしすぎないのがポイントです。メイクアップ・ゲインはリダクション量より少し多めの＋2dBぐらいにします。キックの音色がビート全体を引っ張る感じに仕上げましょう。

ハウス系①

033_house1_original.wav → 033_house1_comp.wav

ニー	アタック	メイクアップ・ゲイン
7.0dB	987.0μs	2.8dB
レシオ	リリース	スレッショルド
7.4：1	37.1ms	−11.7dB

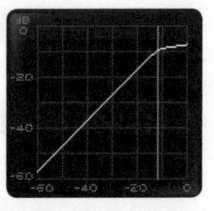

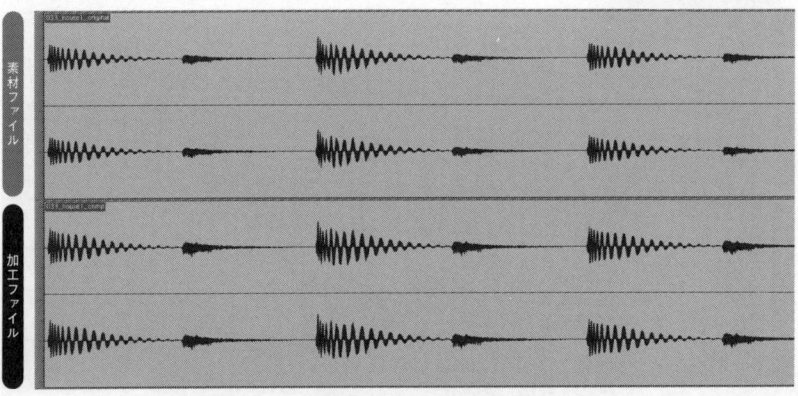

高めのレシオでアタックと余韻を引き出す

　ハウス系ビートのキックを強調しつつ、ハイハットを後ノリに聴かせるグルーブを作ってみます。レシオはやや高めの7：1～8：1、ニーはハイハットのアタック音が少し角張って聴こえるようにハード寄りの設定にします。アタックは、キックのアタック音が少しだけ飛び出て、その後にコンプが引っかかるイメージで、900μs～1msの間で調整してください。リリースは、キックの余韻がポンピングして盛り上がるタイミング、大体35～40ms辺りでよいでしょう。スレッショルドはキックで−3dBほどリダクションする値にし、メイクアップ・ゲインも＋3dBくらいにします。ハイハットの裏打ちとキックの4つ打ちがうまく絡み合って、少し跳ねた感じになるとよいでしょう。

収録フォルダ PART2_drum_percussion　　クラブ・ミュージック 編

034

ハウス系②

素材ファイル 034_house2_original.wav　→　034_house2_comp.wav 加工ファイル

ニー	アタック	メイクアップ・ゲイン
12.7dB	505.6μs	2.0dB
レシオ	リリース	スレッショルド
5.2：1	42.4ms	−7.8dB

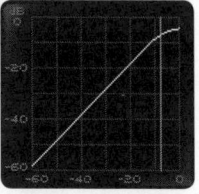

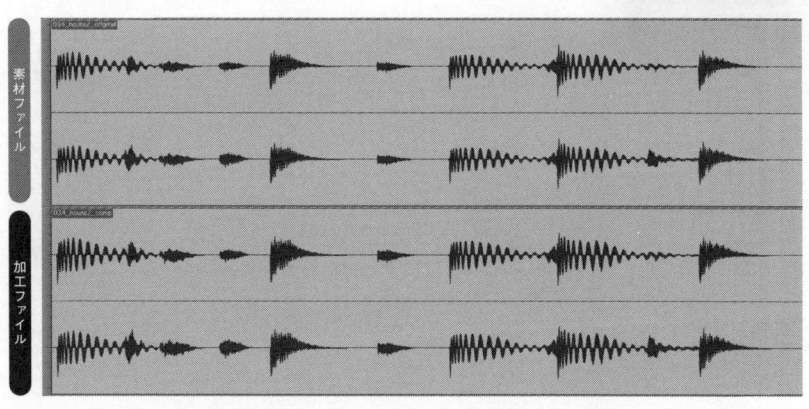

> **スネアを後ノリにしてキックを跳ねさせる**

このハウス系ビートでは、スネアのタイミングを少し後ノリにしてグルーブを出してみます。レシオは5：1〜6：1にして、ニーはスネアのアタック音が少し丸く太くなるように、ややハードめの設定にします。アタックは、キックのアタック音が少しだけ強調されるように500μs前後で調整します。リリースはキックの余韻が少し跳ね返るように聴こえる45ms前後がよいでしょう。スレッショルドは、キックのアタックがつぶれすぎないリダクション量にします。大体−2dBくらいです。メイクアップ・ゲインはリダクション量を取り戻すくらいの＋2dBに設定します。ハイハットとパーカッションが前のめりでスネアが後ろ気味、キックは少し跳ねた感じになると思います。

収録フォルダ PART2_drum_percussion　　035　　クラブ・ミュージック編

ハウス系③

素材ファイル 035_house3_original.wav → 035_house3_comp.wav 加工ファイル

ニー	アタック	メイクアップ・ゲイン
4.3dB	2.2ms	3.2dB
レシオ	リリース	スレッショルド
20.2：1	12.8ms	−12.9dB

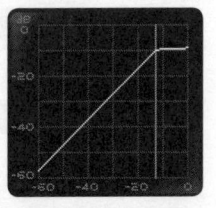

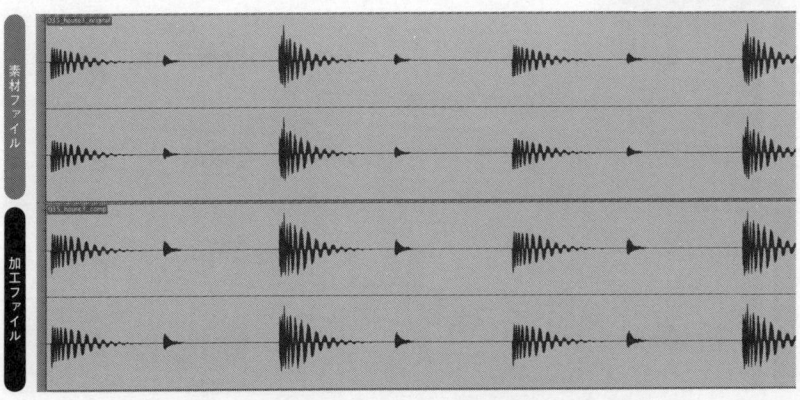

" リリースでスネアとキックを跳ねさせる "

　ハウス系のレコードからサンプリングしたような素材ですが、スネアの余韻を強調して躍動感を出してみましょう。レシオは高めの20：1、ニーはスネアのアタック音が角張って刺激的に聴こえるようハード寄りに設定します。アタックは、ハイハットのアタック音がコンプに引っかからない遅めの2ms前後がよいでしょう。リリースはスネアとキックの余韻が跳ねて音量が大きく聴こえるように12〜15msの範囲で調整します。スレッショルドは、キックのタイミングで−4dBほどリダクションするように設定して、メイクアップ・ゲインは＋3〜＋4dBくらいにします。裏打ちハイハットと2種類のスネアが絡み合い、4つ打ちキックにうまく乗るビートになるのが理想です。

収録フォルダ PART2_drum_percussion　　036　　クラブ・ミュージック編

クラブ・ジャズ

素材ファイル　036_clubjazz_original.wav　→　036_clubjazz_comp.wav　加工ファイル

ニー	アタック	メイクアップ・ゲイン
13.9dB	61.3μs	4.8dB
レシオ	リリース	スレッショルド
13.4：1	7.0ms	−12.7dB

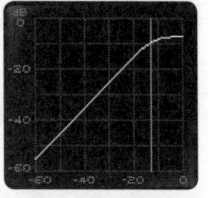

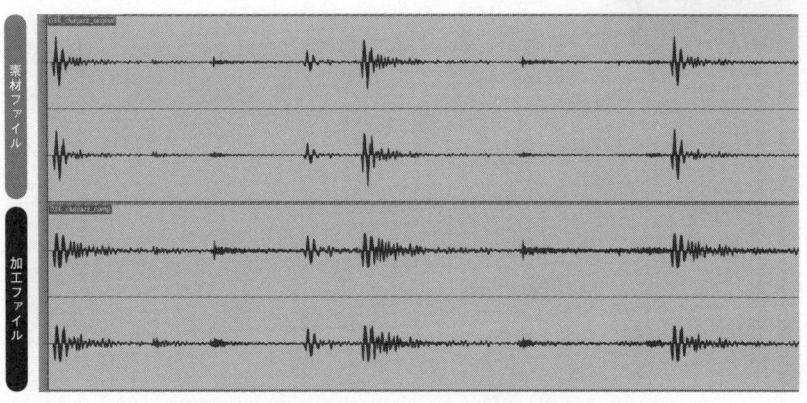

" アタックでトップ・シンバルのノリを出す "

　ジャズ系シャッフル・ビートの素材です。トップ・シンバルのフレーズにノリを持たせてクラブ・ジャズ風にしてみます。レシオは少し高めの12：1〜14：1で、ニーはキックのアタックが太く丸く聴こえるハードとソフトの中間辺りで調整します。アタックはトップ・シンバルのアタック音できれいにコンプが引っかかるように60〜100μsの間で調整してみましょう。リリースはキックのフレーズを歯切れよくするため5〜7msと早めにします。スレッショルドは、キックのタイミングで−10dBほどリダクションする値にしてください。メイクアップ・ゲインは＋5dB程度にしておきましょう。シンバルのフレーズがビート全体を引っ張っていくように設定していくのがコツです。

収録フォルダ PART2_drum_percussion　　クラブ・ミュージック 編

037

テクノ系①

素材ファイル 037_techno1_original.wav → 037_techno1_comp.wav 加工ファイル

ニー	アタック	メイクアップ・ゲイン
3.1dB	2.5ms	1.4dB
レシオ	リリース	スレッショルド
21.7：1	347.3ms	−9.3dB

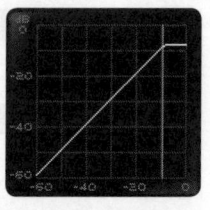

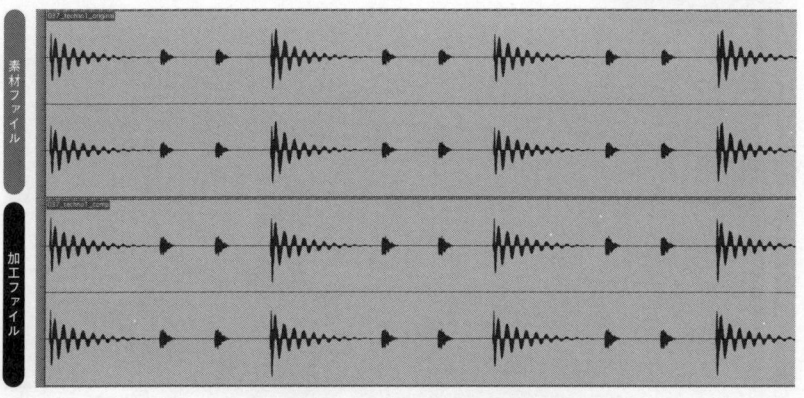

"ハード・ニーでチキチキ感を強調"

アナログ系リズム・マシン音色のテクノ・ビート素材です。ここではハイハットでノリを作ってみましょう。レシオは高めの20：1前後、ニーはハイハットのチキチキ感を強調したいのでハードにします。アタックは、キックのアタック音がコンプにあまり引っかからないように2〜3msの間で調整。リリースではスネアの余韻を伸ばし気味に聴かせてタメの効いたビートにします。大体、340〜350ms辺りがよいでしょう。スレッショルドはスネアのタイミングで−3dBほどリダクションする値にします。メイクアップ・ゲインは音が大きくなりすぎないように＋1〜＋2dBにとどめてください。ハイハットのチキチキ感とスネアの余韻がうまく絡み合うビートにするのがコツです。

収録フォルダ PART2_drum_percussion　クラブ・ミュージック 編

038

テクノ系②

素材ファイル 038_techno2_original.wav → 038_techno2_comp.wav 加工ファイル

ニー	アタック	メイクアップ・ゲイン
4.2dB	3.8ms	1.2dB
レシオ	リリース	スレッショルド
3.9：1	85.5ms	−11.7dB

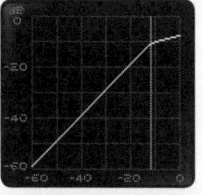

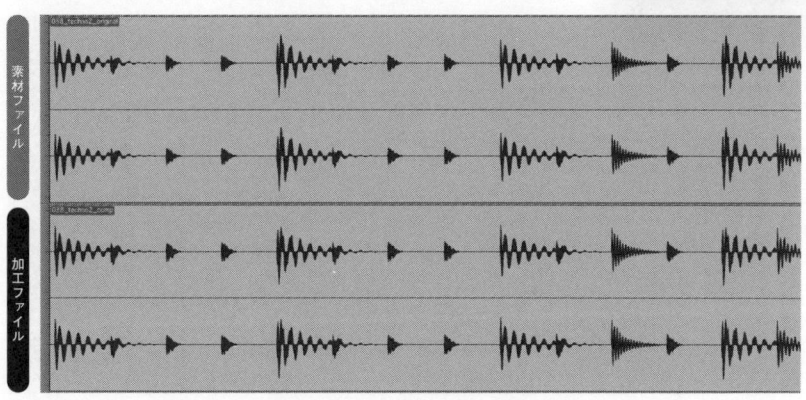

" アタックとリリースで前のめりなビートに "

　テクノ・ビートのハイハットとキックを強調してテンポ感を出してみます。レシオは低音が薄くならないよう低めの4：1にし、ニーはハイハットの角張った部分を少し出すためにハード寄りの設定にします。アタックは、スネアの太いアタック音が十分に出る3〜4msがよいでしょう。リリースはキックの音と音の間に少し隙間ができるようなニュアンスで、大体85〜90msで調節します。スレッショルドは、キックのタイミングで−3dBくらいリダクションするように設定してください。メイクアップ・ゲインは音が大きくなりすぎない＋1〜＋2dB程度でよいです。うまく設定できれば、ハイハット、スネア、キックのいずれもが前のめりで走り気味に聴こえるようになると思います。

収録フォルダ PART2_drum_percussion / クラブ・ミュージック編

039

テクノ系③

素材ファイル: 039_techno3_original.wav → 加工ファイル: 039_techno3_comp.wav

ニー	アタック	メイクアップ・ゲイン
2.4dB	6.0ms	4.4dB
レシオ	リリース	スレッショルド
11.6：1	65.5ms	−12.6dB

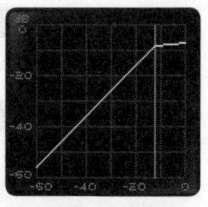

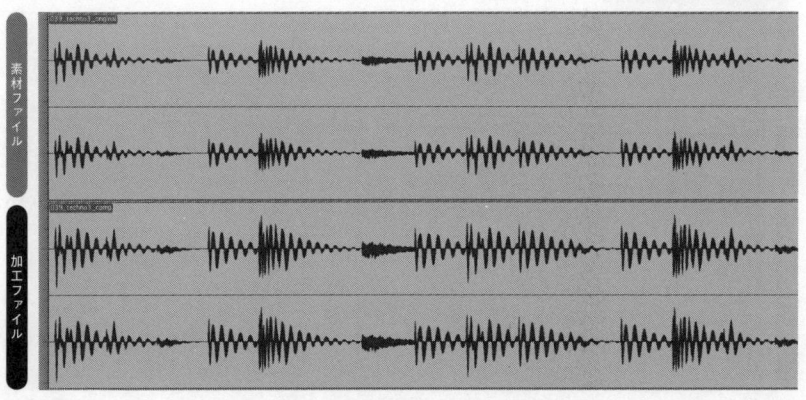

> **スピード感のあるキックでノリを出す**

　複雑なテクノ・ビートですが、歯切れのよいキックになるように加工してみます。レシオは高めの12：1くらいに設定して、ニーはキックのアタック音を少し歪み気味にして目立たせたいのでハード寄りにします。アタックは、スネアのアタック音が強調されるタイミングを探って6ms前後で調整してください。リリースは、オープン・ハイハットの余韻の切れめが表拍のタイミングにくるように、60〜70ms辺りで調整しましょう。スレッショルドは、キックのタイミングで−4〜−5dBくらいリダクションする設定にします。メイクアップ・ゲインは+4〜+5dBでよいでしょう。うまく各パラメーターを設定すれば、キックが全体を引っ張るスピード感のあるビートに仕上がります。

収録フォルダ PART2_drum_percussion　　　クラブ・ミュージック編

040

ブレイクビーツ系①

素材ファイル 040_breakbeats1_original.wav → 040_breakbeats1_comp.wav 加工ファイル

ニー	アタック	メイクアップ・ゲイン
21.6dB	42.2ms	3.0dB
レシオ	リリース	スレッショルド
8.8：1	97.7ms	−13.2dB

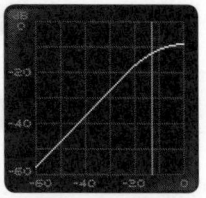

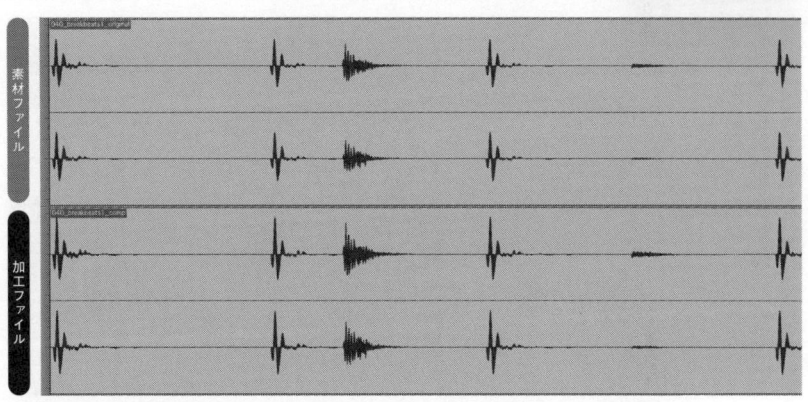

" キックのアタック音を出してオンマイクの雰囲気に "

　このブレイクビーツは少しオフマイク気味なので、自然な感じを出すためにオンマイクの雰囲気に近づけてみましょう。レシオは少し高めの8：1〜10：1、ニーはキックを太めにしたいのでややソフト寄りに設定します。アタックは、キックのアタック音がコンプでつぶれないように遅めの40ms前後にしましょう。リリースはキックのビート感がちょっと後ノリに聴こえるタイミング、大体95〜10msの間でよいでしょう。スレッショルドは、キックでコンプが引っかかるように設定して、リダクション量は−2〜−3dBくらいを目安にします。メイクアップ・ゲインは＋3dBでよいでしょう。これで、スネアとキックが大きくなって、ドライな感じに聴こえると思います。

収録フォルダ PART2_drum_percussion　　　クラブ・ミュージック編

041

ブレイクビーツ系②

素材ファイル 041_breakbeats2_original.wav → 041_breakbeats2_comp.wav 加工ファイル

ニー	アタック	メイクアップ・ゲイン
11.1dB	7.0ms	3.6dB
レシオ	リリース	スレッショルド
14.0：1	70.0ms	−7.5dB

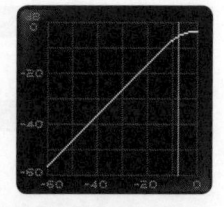

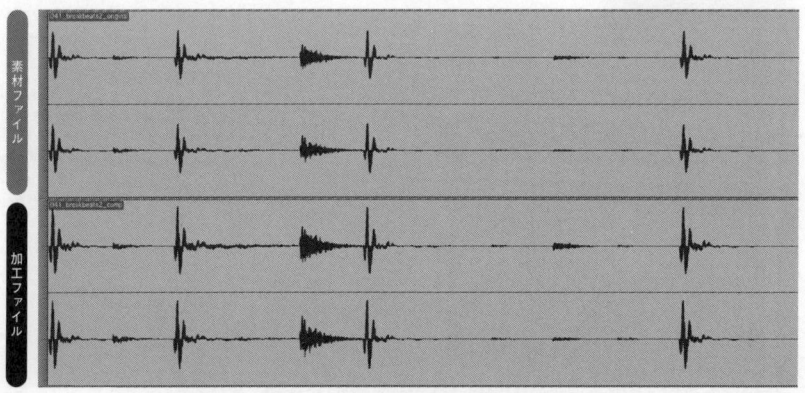

> **余韻を大きくして跳ねた感じのキックに**

　ブレイクビーツのキックを目立たせて跳ねた感じにしてみましょう。レシオは高めの14：1で、ニーはキックとタムのアタック音が少し柔らかめに聴こえるポイントでややハード寄りな設定にします。アタックは、キックのアタック音がコンプに引っかからず飛び出る7ms前後でよいでしょう。リリースは、キックの余韻がアタック音より大きく聴こえるタイミングにします。大体、70ms前後です。スレッショルドは、キックのタイミングでリダクション量が−2〜−3dBになるくらいで、つぶしすぎて低音がなくならないようにしましょう。メイクアップ・ゲインは少し大きめの＋3〜＋4dBくらいです。これで全体的にキックが大きめに聴こえて、跳ねた感じになると思います。

収録フォルダ PART2_drum_percussion　　クラブ・ミュージック 編

042

ブレイクビーツ系③

素材ファイル 042_breakbeats3_original.wav ➡ 042_breakbeats3_comp.wav 加工ファイル

ニー	アタック	メイクアップ・ゲイン
18.4dB	3.8ms	3.0dB
レシオ	リリース	スレッショルド
5.2：1	41.0ms	−12.0dB

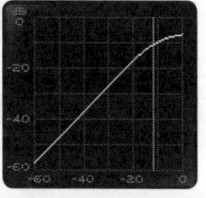

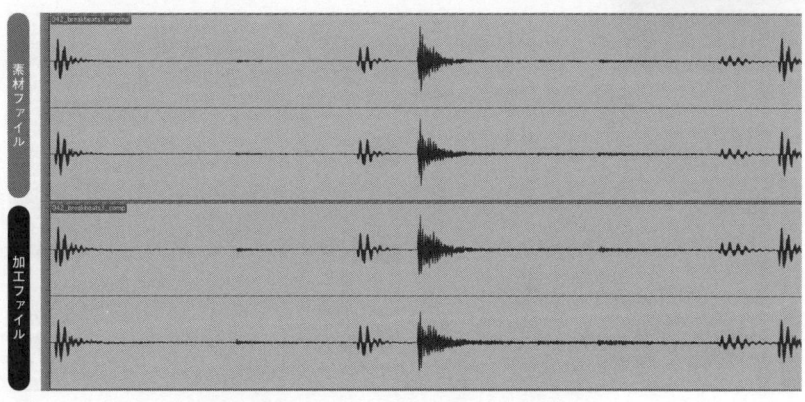

" スネアとシンバルで明るい雰囲気に "

　ライブ感のあるゆったりとしたブレイクビーツの、スネアとトップ・シンバルを目立たせて明るくハッキリした雰囲気にしてみます。レシオは5：1前後で、ニーはトップ・シンバルとスネアのアタック音に太さを出すためソフト寄りにします。アタックは、スネアの低域のアタック音が強調される3〜4msの間で調整しましょう。リリースはトップ・シンバルの余韻が伸びすぎずに、キレがよくなる40ms前後に設定。スレッショルドは、スネアのタイミングでリダクション量が−5dBくらいになるようにします。メイクアップ・ゲインは音量が大きくなりすぎない程度の＋3dB程度でよいでしょう。スネアとシンバルにパンチと躍動感を与えるイメージで仕上げてください。

収録フォルダ PART2_drum_percussion　　クラブ・ミュージック 編

043

ヒップホップ系①

素材ファイル 043_hiphop1_original.wav → 043_hiphop1_comp.wav 加工ファイル

ニー	アタック	メイクアップ・ゲイン
15.6dB	75.3μs	4.0dB
レシオ	リリース	スレッショルド
17.6：1	7.7ms	－12.9dB

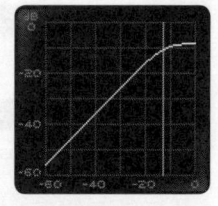

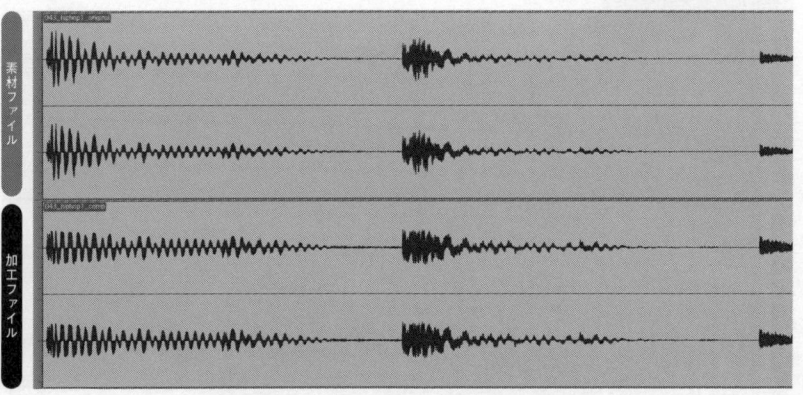

" 早いアタックでキックを歪ませる "

　荒々しさが特徴のヒップホップ・ビートをよりワイルドに仕上げてみます。レシオは高めの18：1前後で、ニーは歪みっぽいオープン・ハイハットがより太くなるようにハードとソフトの中間辺りに設定します。アタックは、キックのアタック音でコンプがすぐ動作し、歪んだ感じで聴こえるようにしたいので早めの70〜80μsで調整してください。リリースはキックの余韻をわざとポンピングさせて音量感を出します。早めの7ms前後がよいでしょう。スレッショルドは、キックのタイミングで－8〜－10dBくらいリダクションするように設定します。メイクアップ・ゲインは控え気味の＋4dBくらいでよいでしょう。キックの歪み感でビートを後ノリにするのがコツです。

収録フォルダ PART2_drum_percussion　　クラブ・ミュージック編

044

ヒップホップ系②

素材ファイル 044_hiphop2_original.wav → 044_hiphop2_comp.wav 加工ファイル

ニー	アタック	メイクアップ・ゲイン
5.4dB	11.1ms	1.4dB
レシオ	リリース	スレッショルド
6.3：1	42.4ms	−11.4dB

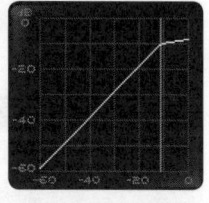

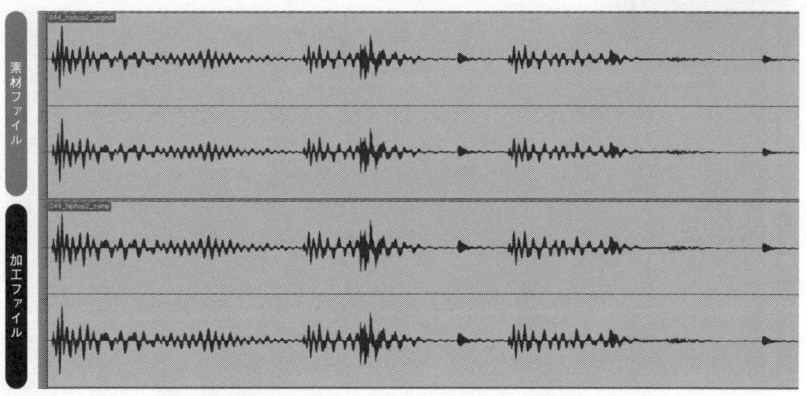

> **カウベルの余韻をリリースで伸ばして後ノリに**

エレクトロニックなカウベルの余韻を伸ばして、より踊れるビートにしてみます。レシオは6：1〜8：1で、ニーはカウベルのアタック音を荒々しくしたいのでハード寄りに設定します。アタックは、クラップのアタック音がつぶれすぎないように10〜12ms程度の遅めでよいでしょう。リリースは、キックの余韻があまり伸びすぎないように40〜42msの範囲で調整します。スレッショルドは、キックの強い部分でリダクション量が−3dBくらいになるように調整してください。メイクアップ・ゲインは＋1〜＋2dBでよいでしょう。カウベルとクラップのタイミングが後ノリになってカッコよく聴こえる値をそれぞれのパラメーターで探して調整するとよいでしょう。

収録フォルダ PART2_drum_percussion

クラブ・ミュージック 編

045

エレクトロ系①

素材ファイル　045_electrol_original.wav　→　045_electrol_comp.wav　加工ファイル

ニー	アタック	メイクアップ・ゲイン
11.1dB	92.5μs	3.2dB
レシオ	リリース	スレッショルド
3.7：1	13.6ms	−6.3dB

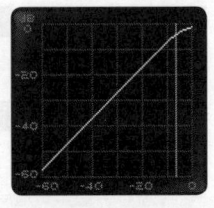

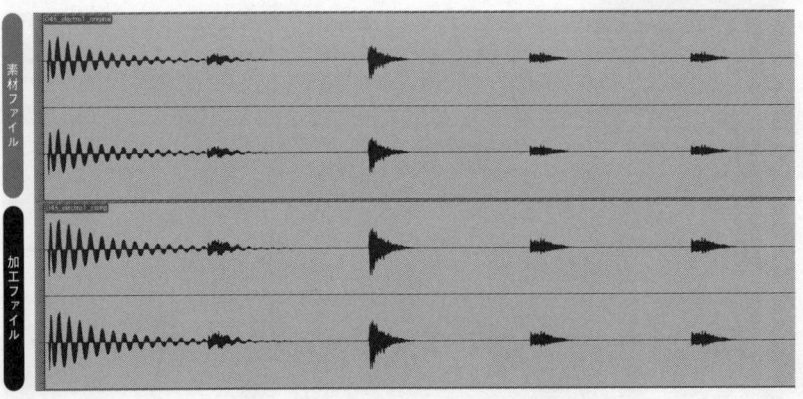

" **スクエアな打ち込み感を強調** "

　エレクトロなビートのハイハットを強調してクールに仕上げてみましょう。レシオは高域の抜けが悪くならないよう低めの3：1〜4：1、ニーはハイハットのアタック音が角張って聴こえるややハード寄りの設定にします。アタックは、ハイハットのアタック音が少しだけコンプに引っかからず飛び出すイメージで80〜90μsくらいに設定し、リリースはビートに切れを出したいので、キックの低音をあまり伸ばさないように、13〜14ms辺りで調整してください。スレッショルドは、スネアとキックのタイミングで−2dBほどリダクションする程度、メイクアップ・ゲインは少し大きめに聴かせたいので＋3dBくらいにします。ハイハットがよりマシンっぽくスクエアに刻む感じを目指してください。

収録フォルダ PART2_drum_percussion　　クラブ・ミュージック 編

046

エレクトロ系②

素材ファイル 046_electro2_original.wav → 046_electro2_comp.wav 加工ファイル

ニー	アタック	メイクアップ・ゲイン
6.7dB	16.7ms	2.2dB
レシオ	リリース	スレッショルド
13.4：1	77.4ms	−11.7dB

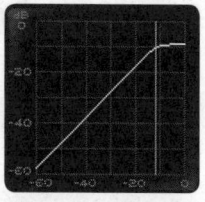

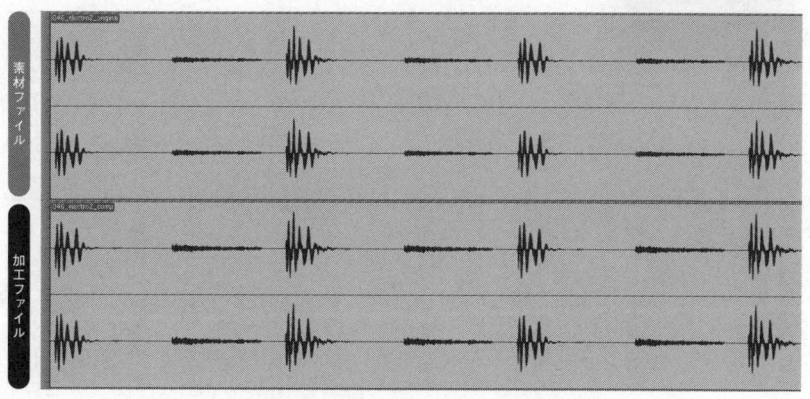

> **アタック&リリースでスピード感を出す**

　少し速めのエレクトロ系ビートなので、キックのアタック音を明確にしてスピード感を出してみます。レシオは高めの12：1〜14：1くらい、ニーはキックのアタックが少し角張るようにハード寄りにします。アタックは、ハイハットとスネアのアタック音があまり圧縮されないように16ms前後で調整しましょう。リリースは、キックの余韻がアタック音より短めに聴こえる感じの70〜80msの間で調整してください。スレッショルドは、キックのタイミングで−3dBほどリダクションする値に設定します。メイクアップ・ゲインはリダクション量を取り戻すくらいの＋2〜＋3dBで調整してください。ハイハットとキックが走り気味にビートを刻んでるように仕上げるのがコツです。

収録フォルダ PART2_drum_percussion クラブ・ミュージック編

047

エレクトロ系③

素材ファイル 047_electro3_original.wav → 047_electro3_comp.wav 加工ファイル

ニー	アタック	メイクアップ・ゲイン
18.6dB	11.7ms	1.4dB
レシオ	リリース	スレッショルド
17.2：1	13.2ms	−7.8dB

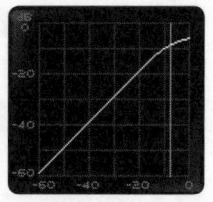

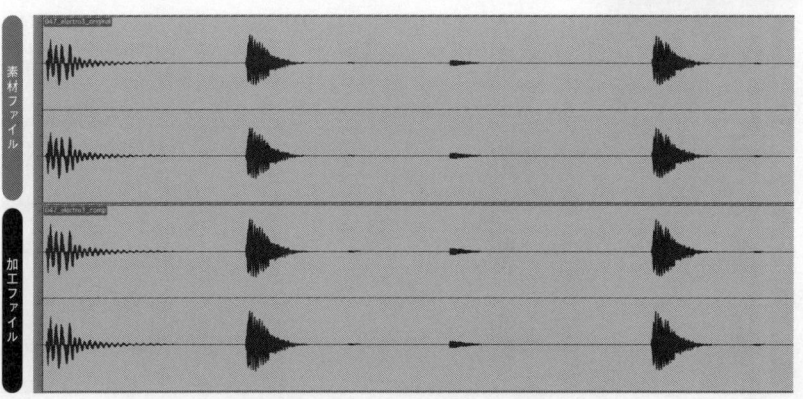

" ニーとアタックでクラップを太くする "

　クラップが特徴のエレクトロ系ビートなので、クラップとキックのアタック音を太くして粘り感を出してみましょう。レシオは高めの16：1〜18：1の範囲で調整し、ニーはクラップのアタック音が太くなるようにややソフト寄りに設定します。アタックは、クラップのアタック音を目立たせてキレを出すために遅めの10〜12ms辺りを探ってください。リリースは、キックの余韻をわざと跳ね返らせるために早めの12ms前後で調整します。スレッショルドは、キックのビートで−2dBくらいリダクションするように設定し、メイクアップ・ゲインは＋1〜＋2dBくらいにします。クラップが大きく、キックが少し遅くなったように聴こえるとカッコいいビートになると思います。

収録フォルダ PART2_drum_percussion　　クラブ・ミュージック編

048

ドラムンベース系①

素材ファイル：048_dnb1_original.wav → 加工ファイル：048_dnb1_comp.wav

ニー	アタック	メイクアップ・ゲイン
9.1dB	8.1ms	3.2dB
レシオ	リリース	スレッショルド
8.4：1	32.5ms	−9.0dB

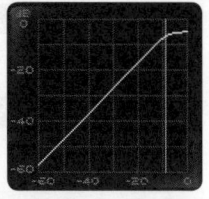

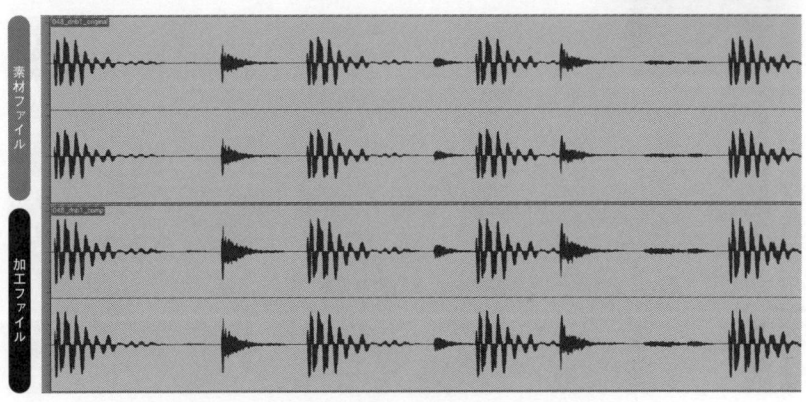

> **リリースでキックの余韻を太くタイトに**

アナログ感のあるドラムンベース・ビートですが、このキックの低音をより目立たせてみます。レシオはやや高めの8：1、ニーはタンバリンのアタック音が少し角張るようにややハードめに設定にします。アタックは、スネアの"コツッ"とした太いアタック音がうまく出るタイミング、大体8〜9ms前後がよいと思います。リリースは、キックの余韻がタイトで太い感じになるように30〜40ms前後で調整してみてください。スレッショルドは、キックのタイミングで−2〜−3dBほどリダクションするように設定し、メイクアップ・ゲインは＋2〜＋3dBくらいにします。キックの太い余韻が最も大きく聴こえるようにしつつ、ビートがもたらないように仕上げるのがコツです。

収録フォルダ PART2_drum_percussion　クラブ・ミュージック編

049

ドラムンベース系②

素材ファイル 049_dnb2_original.wav → 049_dnb2_comp.wav 加工ファイル

ニー	アタック	メイクアップ・ゲイン
4.6dB	10.0ms	2.6dB
レシオ	リリース	スレッショルド
5.3：1	74.8ms	−12.0dB

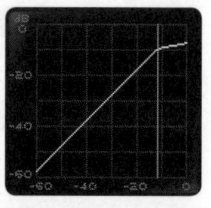

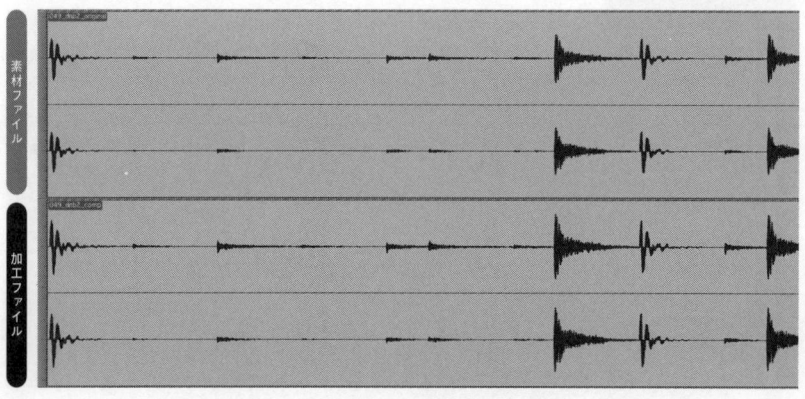

" ハード・ニーでパンチ感を出す "

　ライブ感のある生音系ドラムンベースのスネアとキックをタイトにして、ビートにパンチを出してみます。レシオは5：1〜6：1、ニーはスネアとキックのアタック音がより激しく聴こえるようにハード寄りにします。アタックは、トップ・シンバルのアタック音が目立つように10ms前後で調整。リリースは、キックのアタック音と余韻のタイミングがずれて聴こえないように70〜80msで設定してください。スレッショルドは、キックのタイミングで−3dBほどリダクションする設定で、メイクアップ・ゲインはリダクション量を取り戻すくらいの＋3dB前後でよいでしょう。この設定ではシンバル／スネア／キックのビート感がそろうことによって躍動感も生まれると思います。

収録フォルダ PART2_drum_percussion / クラブ・ミュージック編

050

ダブステップ系①

素材ファイル 050_dubstep1_original.wav → 加工ファイル 050_dubstep1_comp.wav

ニー	アタック	メイクアップ・ゲイン
21.0dB	190.2μs	5.2dB
レシオ	リリース	スレッショルド
3.9：1	293.9ms	−10.2dB

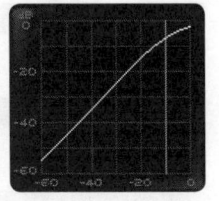

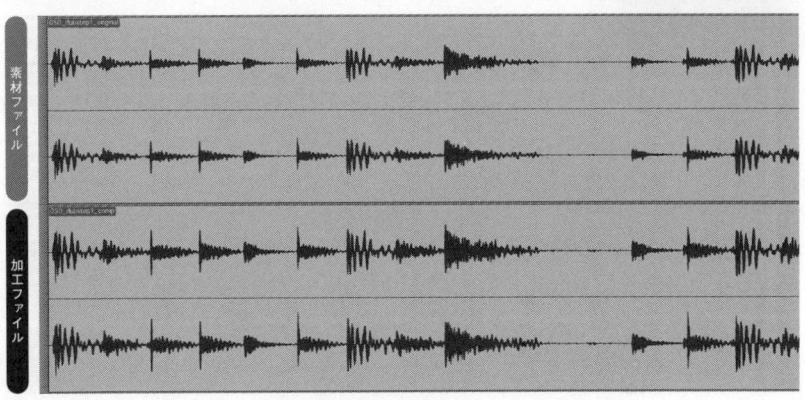

" リバーブ成分で迫力を出すリリース設定 "

　響きの多いダブステップ系ビートのリバーブ感をより強調して迫力を出してみましょう。レシオは低めの4：1、ニーはパーカッションのアタックが太くなるようにソフト寄りに設定。アタックは200μs前後にするとハイハットとスネアのアタック感が少し増してキレがよくなります。リリースは、スネアが鳴り終わる部分でリバーブ成分が目立つすき間が生まれるタイミングを探ります。大体300ms前後でよいでしょう。スレッショルドは、キックとスネアの強いところで−3〜−4dBほどリダクションするように調整し、メイクアップ・ゲインは少し大きめの＋5dBくらいにします。リバーブ成分が左右に広がって大きく聴こえるダイナミックな感じに仕上げましょう。

収録フォルダ PART2_drum_percussion

051

ダブステップ系②

素材ファイル: 051_dubstep2_original.wav → 加工ファイル: 051_dubstep2_comp.wav

ニー	アタック	メイクアップ・ゲイン
9.0dB	3.2ms	3.4dB
レシオ	リリース	スレッショルド
5.5：1	115.5ms	−13.2dB

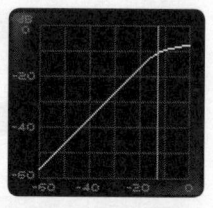

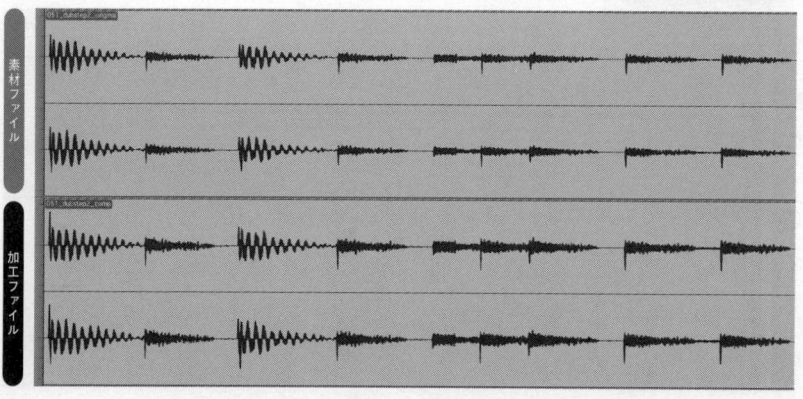

> **キック中心のリダクションでライブ感を引き出す**

　パーカッション＆ドラムによるダブステップ系ビートをタイトかつライブ感のある音色に仕上げてみましょう。レシオは5：1〜6：1、ニーはパーカッションのアタック音が目立つようにややハードな設定にします。アタックは、ハイハットのアタック音がつぶれてしまわないように3ms前後で調整し、リリースはキックのリバーブ音の減衰がフレーズの間で目立つタイミングにします。大体110〜120msの間でよいでしょう。スレッショルドは、キックのタイミングで−4〜−5dBくらいリダクションする設定で、メイクアップ・ゲインは＋3dB程度でよいでしょう。パーカッションのビート感がハッキリ出て、キックが大きめに聴こえるような仕上がりになるとよいと思います。

収録フォルダ PART2_drum_percussion パーカッション 編

052

コンガ

素材ファイル 052_conga_original.wav → 052_conga_comp.wav 加工ファイル

ニー	アタック	メイクアップ・ゲイン
6.3dB	3.4ms	6.0dB
レシオ	リリース	スレッショルド
30.6：1	265.9ms	−21.0dB

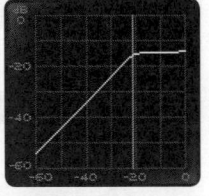

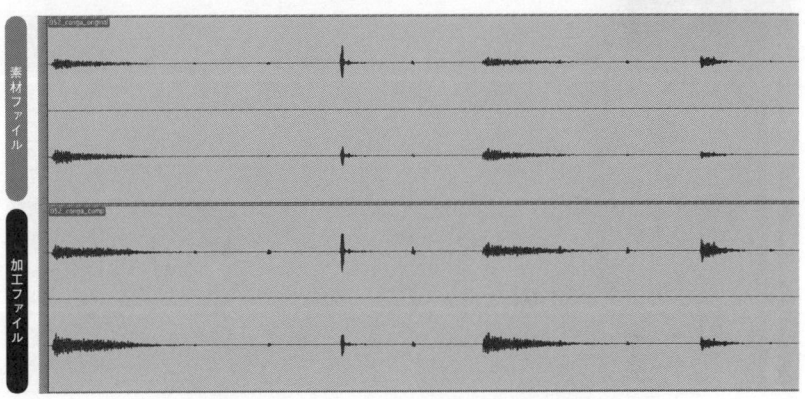

> **深めのスレッショルドでビート感を強める**

　大小2種類のコンガによるフレーズです。このうち小さいコンガを中心に強めのコンプがかかるように設定してビートをよりハッキリとさせてみます。レシオは高めの30：1、ニーはアタック音を目立たせるためハード寄りにします。アタックは、ミュート奏法のアタック音が強調されるように少し遅めの3ms前後に設定。リリースは、小コンガのフレーズがスクエアなビート感になるように260〜270msの間で調整します。スレッショルドは強くミュート音をたたいたときのリダクション量が−10dBくらいになるように設定して、メイクアップ・ゲインは＋6dBくらいでよいでしょう。大小のコンガの距離感が近くなり、ミュート音が少し後ノリに聴こえるようにするのがコツです。

053

ボンゴ

053_bongo_original.wav → 053_bongo_comp.wav

ニー	アタック	メイクアップ・ゲイン
18.6dB	5.7ms	6.8dB
レシオ	リリース	スレッショルド
10.9:1	371.3ms	−22.5dB

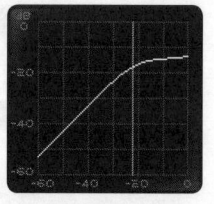

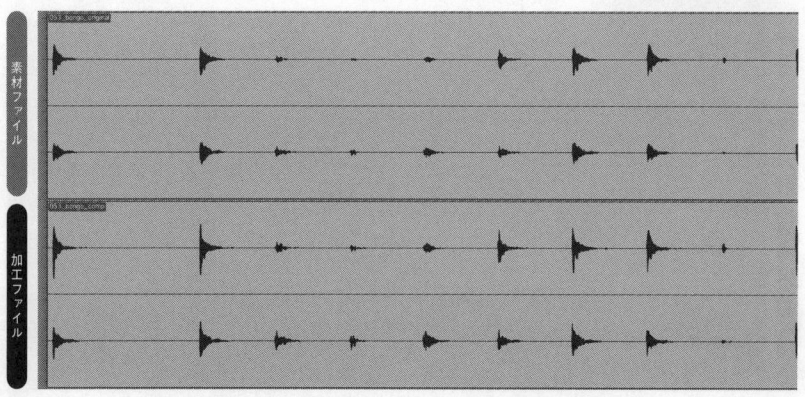

" 強めのコンプでグルーブ感を際立たせる "

　大小2種類のボンゴのうち、大きいボンゴを目立たせてグルーブを強調してみます。レシオは高めの10:1、ニーは大きいボンゴのアタック音を太めにするためややソフトな設定にします。アタックは、小さいボンゴのアタック音が少し飛び出して聴こえるように6ms前後で調整。リリースは大きいボンゴの余韻が伸びて音量感が増すタイミングを探します。370〜380msの辺りがよいでしょう。リダクション量が−6〜−7dBになるようスレッショルドを設定し、メイクアップ・ゲインは＋6〜＋7dB程度にします。これで小さいボンゴに強めのコンプがかかり、大きいボンゴも自然に大きくなるはずです。大きいボンゴの裏のフレーズでグルーブ感を出すとよいでしょう。

収録フォルダ PART2_drum_percussion　　パーカッション 編

054

シェイカー

素材ファイル 054_shaker_original.wav → 054_shaker_comp.wav 加工ファイル

ニー	アタック	メイクアップ・ゲイン
17.8dB	5.1ms	5.8dB
レシオ	リリース	スレッショルド
35.9：1	33.6ms	−26.7dB

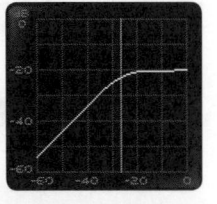

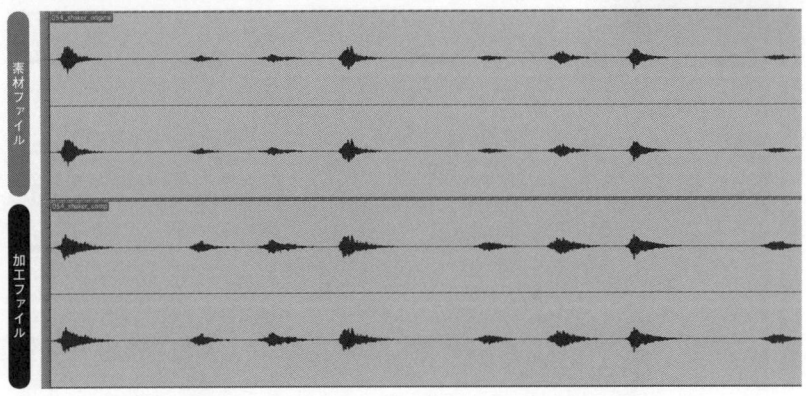

" 高レシオ&スロー・リリースで跳ねさせる "

　大きめのシェイカーによるフレーズです。その低音成分を持ち上げて跳ねた感じを出してみましょう。レシオは30：1〜40：1の高い設定で、ニーはアタック音を太くしてビートを後ノリに聴かせたいのでややソフト寄りにします。アタックは、シェイカーのこすれる音が目立つように遅めの6ms前後で調整。リリースは、低音部分が持ち上がって聴こえる30〜35ms辺りがよいでしょう。スレッショルドは深めで、リダクション量が−10dBくらいになる設定にします。メイクアップ・ゲインは音量が大きくなりすぎない＋6dB程度がよいでしょう。強めのコンプ感でこすれる音が大きくなり、低音部分が伸びて聴こえれば、シャッフル感が強調されたビートになると思います。

収録フォルダ PART2_drum_percussion パーカッション編

055

アゴゴ

素材ファイル 055_agogo_original.wav → 055_agogo_comp.wav 加工ファイル

ニー	アタック	メイクアップ・ゲイン
6.4dB	532.3μs	6.6dB
レシオ	リリース	スレッショルド
16.4：1	699.9ms	−17.4dB

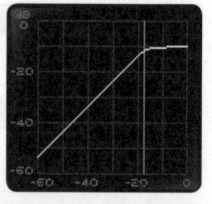

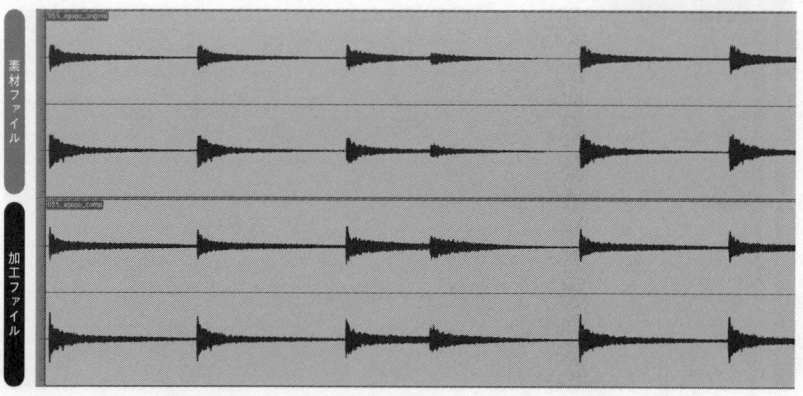

" スローなリリースで後ノリ感を出す "

　ブラジル系アゴゴの響きを伸ばし気味にしてゆったり感を出してみます。レシオは高めの16：1、ニーは音程の異なるアゴゴのアタック音のニュアンスをそろえる感じでハード寄りにしましょう。アタックは、アタック音が少しだけコンプにかからず飛び出すように500μs前後で調整。リリースは、余韻が伸びて倍音がきれいに聴こえるタイミングを探します。この素材では700ms前後がよいと思います。スレッショルドはリダクション量が少し多めの−8〜−10dBくらいになるように設定し、最終的な音量はそれほど大きくなくてよいのでメイクアップ・ゲインは＋6dB程度にします。余韻を強調した後ノリ感が気持ちよいビートになるように仕上げてみてください。

収録フォルダ PART2_drum_percussion　　パーカッション 編

056

複数パーカッションのパターン①

素材ファイル 056_perc1_original.wav → 056_perc1_comp.wav 加工ファイル

ニー	アタック	メイクアップ・ゲイン
6.4dB	3.4ms	6.8dB
レシオ	リリース	スレッショルド
7.0：1	13.6ms	−19.5dB

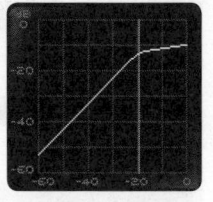

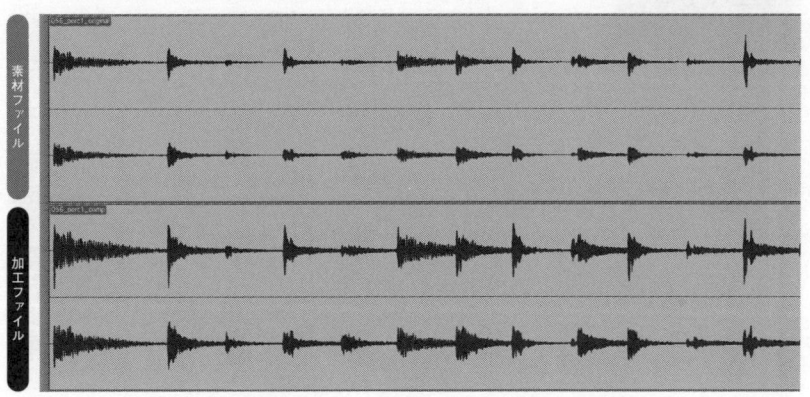

" ボンゴを中心にアタック&リリースを設定 "

　ラテン系パーカッションのフレーズを明るくノリのよいビート感にしてみます。レシオは7：1、ニーはボンゴのアタック音を明るくしたいのでややハードな設定にします。アタックは、アゴゴのアタック音が少しだけ飛び出して聴こえるように、3〜4msの間で調整してください。リリースは、ボンゴの余韻を抑えて軽快な感じを出したいので10〜15msの範囲で試してみるとよいでしょう。スレッショルドは−8〜−10dBくらいのリダクション量に設定し、メイクアップ・ゲインはリダクション量に比べて控えめの+6〜+7dBほどでよいと思います。ボンゴのフレーズが前のめりで走って聴こえるようなイメージで各パラメーターを調整してみてください。

収録フォルダ PART2_drum_percussion　　パーカッション編

057
複数パーカッションのパターン②

素材ファイル　057_perc2_original.wav　→　057_perc2_comp.wav　加工ファイル

ニー	アタック	メイクアップ・ゲイン
15.1dB	233.7μs	11.6dB
レシオ	リリース	スレッショルド
5.8：1	42.4ms	−21.9dB

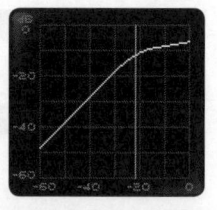

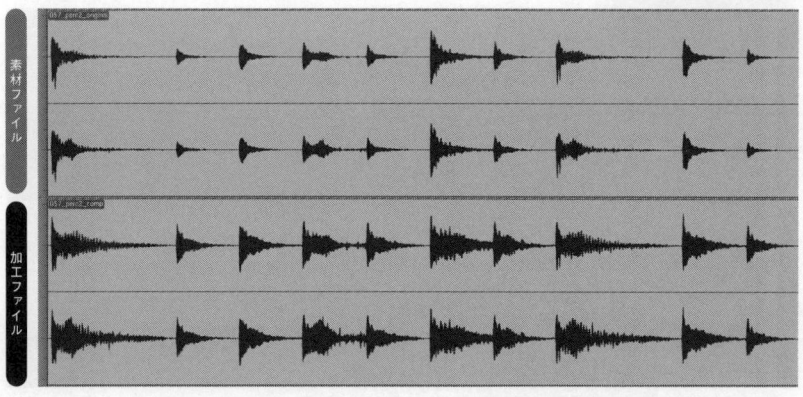

> **しっかりコンプレッションしてカウベルを強調**

　ラテン系ティンバレスを軸としたフレーズです。カウベルの音色を目立たせてライブ感を演出してみましょう。レシオは6：1にして、ニーはカウベルの倍音がよく聴こえるハードとソフトの中間辺りに設定します。アタックは、ティンバレスのアタックが程よくつぶれるように200〜300μs程度で調整します。リリースは、カウベルがキレよく聴こえるタイミング、大体40〜45ms辺りがよいと思います。スレッショルドは、強めのコンプ感にしてライブ感を出すために−12dBと多めのリダクション量になるように設定してください。メイクアップ・ゲインは＋12dBくらいにします。裏拍のカウベルが目立つようになれば、よりグルービーなビートになるでしょう。

収録フォルダ: PART2_drum_percussion　　パーカッション編

058

複数パーカッションのパターン③

素材ファイル: 058_perc3_original.wav → 058_perc3_comp.wav : 加工ファイル

ニー	アタック	メイクアップ・ゲイン
7.0dB	3.4ms	9.8dB
レシオ	リリース	スレッショルド
6.1：1	13.6ms	−24.9dB

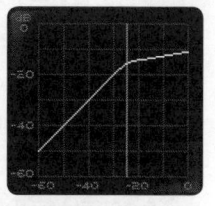

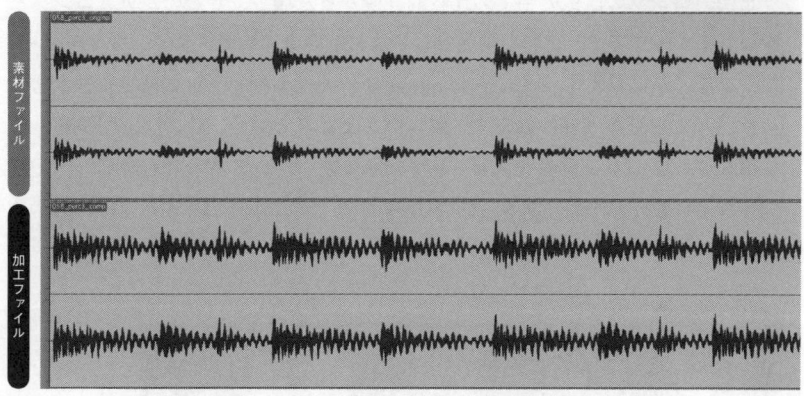

> **カウベルとトライアングルを響かせるニー設定**

ブラジル系パーカッション・フレーズの、トライアングルとカウベルを気持ちよく絡ませるイメージでライブ感を出す加工を行ってみます。レシオは6：1、ニーはカウベルとトライアングルの響きがきれいに聴こえるようにハード寄りに設定してください。アタックは、トライアングルのアタック音が少し飛び出して聴こえるように3〜4ms辺りで調整しましょう。リリースは、スルドの低音が伸びすぎずキレが出るようなタイミングを探ります。10〜20msの間でよいでしょう。スレッショルドはリダクション量が−10dBくらいになる深めの設定で、メイクアップ・ゲインは＋10dB程度。裏拍で鳴るカウベルでキレを出すと、フレーズ全体の躍動感も高まるでしょう。

column

さまざまな動作方式のコンプ②
FETとVCA

P38に引き続き、代表的なコンプの動作方式を紹介していきましょう。

プロのレコーディング・スタジオで必ずといっていいほど見かけるUNIVERSAL AUDIO 1176は、FET（電界効果トランジスタ）と呼ばれる部品で音量を変化させています。そのため、これらのコンプはFETコンプなどと呼ばれています。このFETは非常にレスポンスが良いのが特徴です。瞬間的な大音量にも素早く反応してくれるコンプと言えるでしょう。

また、コンプの歴史の中でも比較的、後から登場してきたのがVCAコンプと呼ばれるタイプです。有名な製品としてはSSLの卓に装備されているマスター・コンプなどがあります。VCAとはVoltage Controlled Amplifierの略で、日本語では電圧制御増幅器と呼ばれます。難しいことはさておき、このVCA回路を中心に構成されたコンプは動作スピードが非常に速く、レスポンスも素早いことで知られています。また、アタックやリリースなどのコントロールも正確に行えるので、幅広い音作りを行うことが可能です。

▲UNIVERSAL AUDIO UAD-2用の1176LN Classic Limiting Amplifier Plug-Inは、同社のハードウェアをプラグイン化した製品だ

▶SSLのマスター・コンプをシミュレートしたプラグイン、SSL G-Master Buss Compressor

第3章
ドラムへの応用例
VARIOUS COMPRESSION OF DRUM

ドラムへコンプをかけるシチュエーションには、第1章や第2章で紹介した以外にもさまざまなケースが考えられます。既にコンプ処理されたキックやスネアをグループ化して2ミックスにまとめてから、さらにコンプをかけることもありますし、音色だけではなくグルーブを整えるためにコンプをかけることもあります。本章では、そんな応用的なコンプ設定例を紹介していきましょう。さらに、マルチバンド・コンプやディエッサーを使った方法も解説しています。実は、ディエッサーはボーカルだけでなくドラムの質感調整にも有効なのです。

2段掛け編 *134*
グルーブ・コントロール編 *136*
マルチバンド・コンプ編 *143*
ディエッサー編 *145*
アンビエント編 *146*

収録フォルダ PART3_drum_various　　　2段掛け 編

059
コンプ済みパートをグループ化してさらに加工

素材ファイル：059_kc_comp.wav/059_sn_comp.wav/059_hh_comp.wav → 加工ファイル：059_dr_group_comp.wav

ニー	アタック	メイクアップ・ゲイン
10.0dB	44.5ms	3.6dB
レシオ	リリース	スレッショルド
19.8：1	42.4ms	−21.3dB

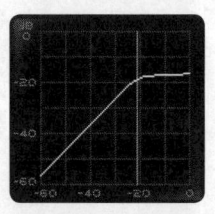

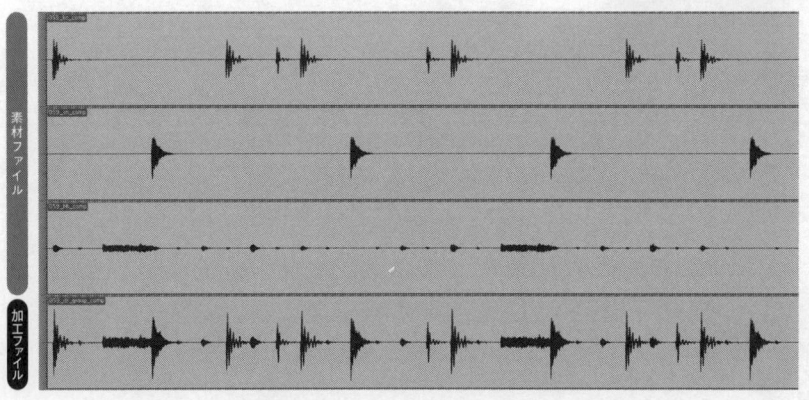

> **リム・ショットをアタックの設定でしっかり聴かせる**

　コンプ加工済みのキック／スネア／ハイハットをグループ化してから、さらにコンプをかけてグルーブを整えてみます。レシオは20：1前後、ニーはリム・ショットを少し角張らせたいのでややハードめに設定。アタックはリム・ショットにコンプが引っかからないように遅めの50ms前後にします。リリースはスネアの余韻が少し跳ね返るように聴こえる40〜45msの間で調整。スレッショルドは−4〜−5dBのリダクション量で、メイクアップ・ゲインは少し低めの＋3〜＋4dBほどでよいでしょう。これでハイハットが少し前ノリ気味に、またスネアが少し後ノリ気味になると思います。なお本設定は、素材ファイルをすべて0dBのフェーダー位置でまとめた場合です。

収録フォルダ PART3_drum_various　　2段掛け編

060
028のコンプ加工ドラムへさらにコンプ！

素材ファイル 060_dr_028comp.wav → 060_dr_double_comp.wav 加工ファイル

ニー	アタック	メイクアップ・ゲイン
8.4dB	8.6ms	1.4dB
レシオ	リリース	スレッショルド
7.2：1	24.9ms	−15.9dB

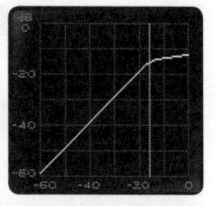

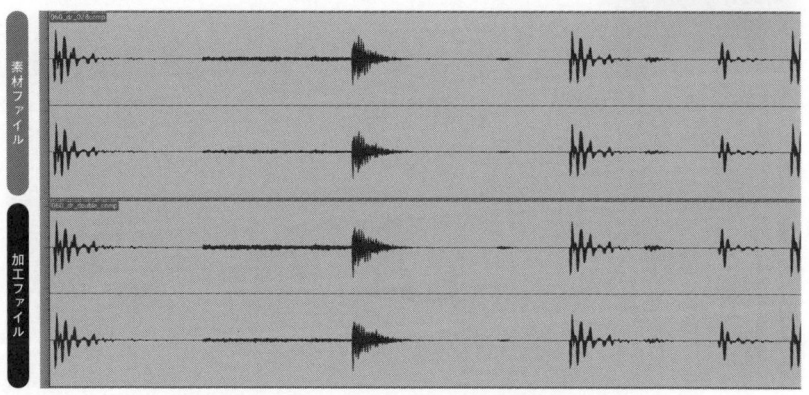

" アタック&リリースでキックを前のめりに "

　028のコンプ加工済ドラムへさらにコンプをかけて、躍動感を生み出してみます。レシオは7：1、ニーはキックのアタック音とスネアが少し角張るようにややハードな設定にします。アタックは、キックのアタック音が少し飛び出す感じに聴こえるように8〜9msの間で調整。リリースは、キックの低音が少し跳ね返るように25ms前後で設定してください。スレッショルドは、−3〜−4dBほどのリダクション量になるように調整し、メイクアップ・ゲインは音が大きくなりすぎない程度の＋1〜＋2dBほどでよいでしょう。スネアのタイミングが後ノリになって、逆にキックが前のめりになることを意識して調整すると、よりタイトで躍動感のあるグルーブになると思います。

収録フォルダ PART3_drum_various

グルーブ・コントロール編

061
ハイハットのノリを変える①

素材ファイル 061_hh_groove1_original.wav ➡ 061_hh_groove1_comp.wav 加工ファイル

ニー	アタック	メイクアップ・ゲイン
18.3dB	10.0ms	4.4dB
レシオ	リリース	スレッショルド
11.6:1	35.9ms	−27.7dB

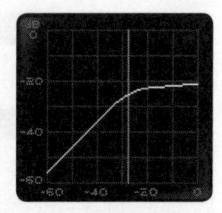

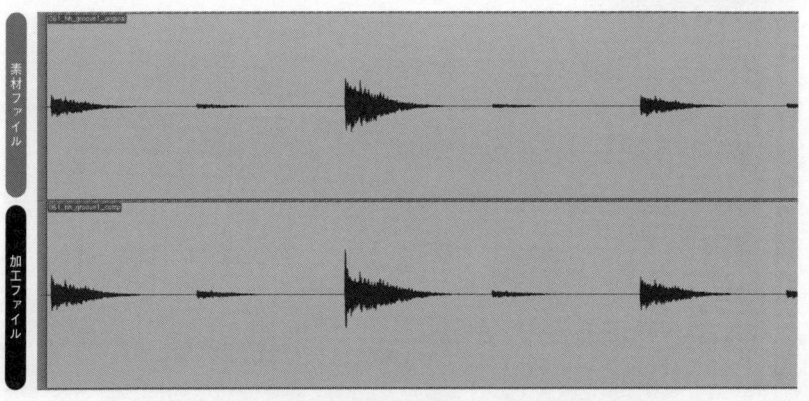

> **アタックで余韻の倍音を強調してライブ感を出す**

　少し遠目から聴こえる8ビートのハイハット・フレーズです。この素材の距離感をより手前に近づけて、ライブ感のあるグルーブにしてみましょう。レシオは10:1〜12:1の間で設定してください。ニーはハイハットのアタック音を太めにしたいのでややソフト寄りにします。アタックは、余韻の倍音が強調されるように10ms前後の遅めで調整してください。リリースは、ゆったり感が強調される35〜40msの間がよいでしょう。スレッショルドは深めにしてライブ感を出します。−6dBくらいのリダクション量でよいでしょう。メイクアップ・ゲインは＋4dB程度にとどめます。これでハイハットの余韻が伸びて、距離感が縮まったフレーズになります。

収録フォルダ PART3_drum_various　　　グルーブ・コントロール 編

062

ハイハットのノリを変える②

素材ファイル 062_hh_groove2_original.wav ➡ 062_hh_groove2_comp.wav 加工ファイル

ニー	アタック	メイクアップ・ゲイン
11.7dB	3.1ms	2.6dB
レシオ	リリース	スレッショルド
24.9：1	410.4ms	−25.9dB

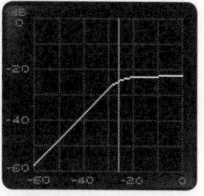

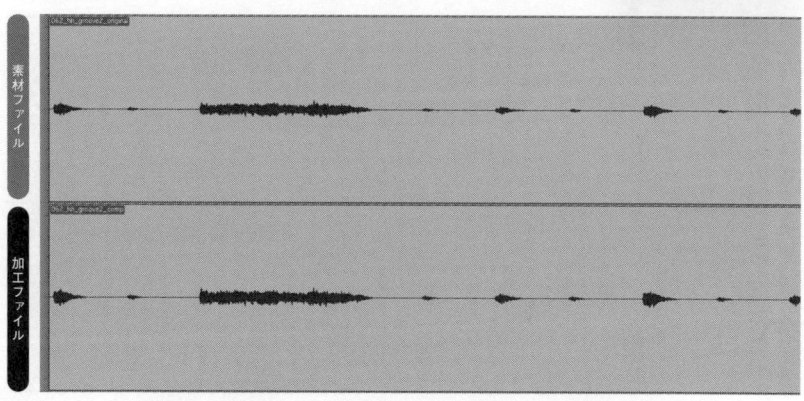

" 高レシオとスロー・リリースでスイング感を出す "

　粒立ちのよい16ビートのハイハットですが、オープン・ハイハットの余韻を伸ばしてさらにグルービーに仕立ててみましょう。レシオは高めの20：1〜30：1の間、ニーはアタック音を少し目立たせたいのでややハード寄りにします。アタックは、16ビートの刻みが歯切れよく聴こえるように3ms前後で調節してみてください。リリースは、オープン・ハイハットの余韻が長めに粘って聴こえるタイミングを探ります。410ms前後で調整してみてください。スレッショルドは、オープン・ハイハットの部分で−2〜−3dBくらいリダクションするように調整して、メイクアップ・ゲインは＋2〜＋3dBでよいでしょう。全体的に気持ちよくスイングする感じを目指してください。

収録フォルダ PART3_drum_various　　　　　グルーブ・コントロール 編

063
ハイハットのノリを変える③

素材ファイル 063_hh_groove3_original.wav → 063_hh_groove3_comp.wav 加工ファイル

ニー	アタック	メイクアップ・ゲイン
15.3dB	15.9ms	2.8dB
レシオ	リリース	スレッショルド
5.3：1	265.9ms	−26.4dB

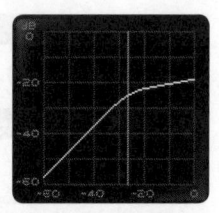

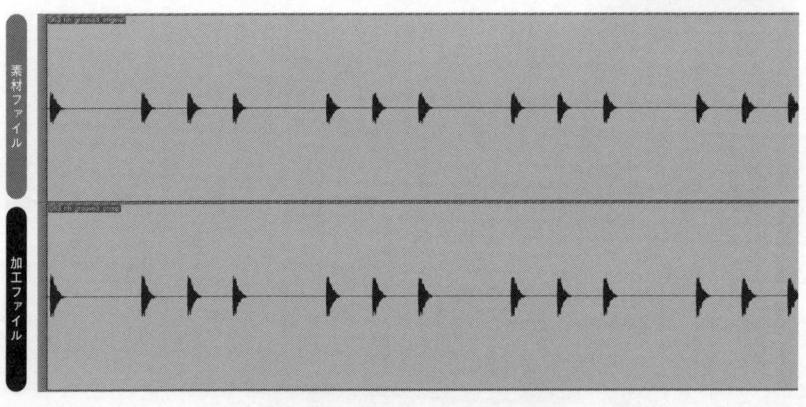

> **余韻を伸ばして太さも演出**

　アナログ系リズム・マシンの打ち込みハイハットですが、この余韻を伸ばして音がつながったようなグルーブに加工してみます。レシオは5：1〜6：1の間、ニーはアタック部分を太めに聴かせつつ倍音がうまく出るように、ソフトとハードの中間辺りで調節します。アタックは、アタック音の後にあるノイズ成分にコンプが引っかかるイメージで遅めの15ms前後で設定してください。リリースは、そのノイズ成分が持続して聴こえるように260〜270msと遅めにするとよいでしょう。スレッショルドは−2〜−3dBくらいのリダクション量で、メイクアップ・ゲインは＋2〜＋3dBくらいでよいと思います。コンプがかかりっぱなしになる設定で、太さも演出できると思います。

収録フォルダ PART3_drum_various

064

8ビートのノリを変える①

素材ファイル 064_8groove1_original.wav → 064_8groove1_comp.wav 加工ファイル

ニー	アタック	メイクアップ・ゲイン
15.4dB	2.8ms	4.6dB
レシオ	リリース	スレッショルド
10.9：1	150.8ms	−13.2dB

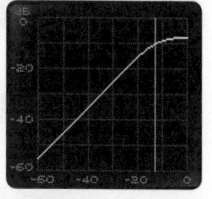

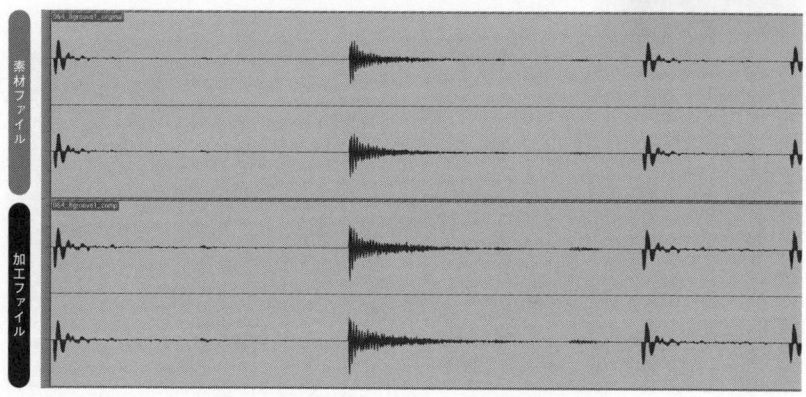

> **ロック・ドラムをクールな打ち込み風に**

　8ビートのロック系ビートを、スクエアな打ち込み系ビートに加工してみます。レシオは10：1前後、ニーはキック／スネア／ハイハット／タムのアタック感が同じニュアンスになるようにハードとソフトの中間に設定。アタックは、スネアとハイハットのアタック音をスクエアなリズムに感じるように2〜3msの間で調整します。リリースは、キックの余韻をスクエアな感じにするために150ms前後で設定してみてください。スレッショルドは−4〜−5dBくらいのリダクション量になるようにして、メイクアップ・ゲインは＋4〜＋5dBに設定します。キックとスネアのコンプ感が同じになるように調整して、クールな刻み感を出すように設定するのがコツです。

収録フォルダ PART3_drum_various　　　グルーブ・コントロール 編

065
8ビートのノリを変える②

素材ファイル 065_8groove2_original.wav → 065_8groove2_comp.wav 加工ファイル

ニー	アタック	メイクアップ・ゲイン
15.0dB	590.0μs	4.2dB
レシオ	リリース	スレッショルド
5.1：1	232.7ms	−11.1dB

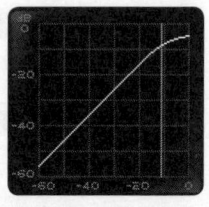

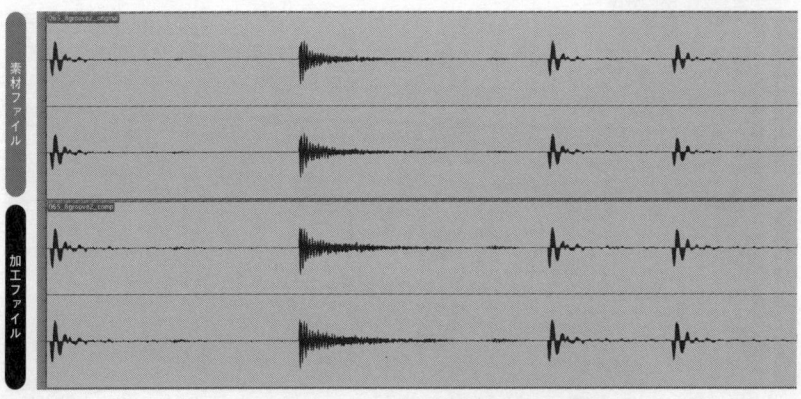

" アタック&リリースでスネアのタメ感を出す "

　8ビートのアップ・テンポなロック系ビートを、スネアのタメ感を強調したグルーブに変化させてみましょう。レシオは5：1、ニーはスネアのアタックを太い感じにしたいのでハードとソフトの中間辺りに設定。アタックは、スネアの"パチッ"というアタック音が気持ちよく聴こえる500〜600μsの範囲で調整します。リリースは、スネアのアタック音と余韻が同じ程度の音量に聴こえるように遅めにします。230〜270msくらいで設定してみましょう。スレッショルドは、スネアのタイミングで−3〜−4dBほどリダクションする値にして、メイクアップ・ゲインは＋4dBでよいでしょう。スネアに太いパンチ感が出ると少し後ノリのグルーブになると思います。

収録フォルダ PART3_drum_various

グルーブ・コントロール 編

066

16ビートのノリを変える①

素材ファイル 066_16groove1_original.wav → 066_16groove1_comp.wav 加工ファイル

ニー	アタック	メイクアップ・ゲイン
12.4dB	10.5ms	4.0dB
レシオ	リリース	スレッショルド
3.6:1	654.7ms	−16.2dB

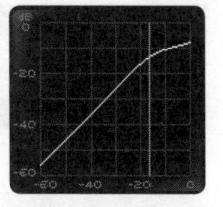

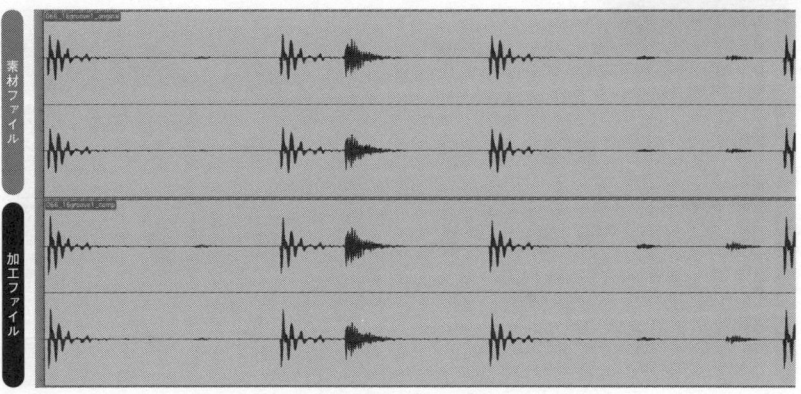

> **キックの余韻を伸ばしてループ感を作る**

　16ビートのファンク系ビートを使って、ブレイクビーツをサンプリングでループさせたようなグルーブにしてみましょう。レシオは3:1〜4:1、ニーはハイハットの頭が少し荒っぽくなるように少しハード寄りにします。アタックはリム・ショットが十分強調されるように遅めの10ms前後にするとよいでしょう。リリースはキックの余韻が伸びてスネアの頭に少しかかるくらい遅めにします。650〜680msの間で調整してください。スレッショルドはキックで−6dBほどリダクションするように調整し、メイクアップ・ゲインは大きくなりすぎない+4dB程度がよいでしょう。キックの余韻がスネアの頭にかぶる感じが、ループをつないだように聴こえさせるポイントです。

収録フォルダ PART3_drum_various　　グルーブ・コントロール 編

067

16ビートのノリを変える②

素材ファイル 067_16groove2_original.wav ➡ 067_16groove2_comp.wav 加工ファイル

ニー	アタック	メイクアップ・ゲイン
13.2dB	101.3ms	3.4dB
レシオ	リリース	スレッショルド
50.7：1	335.9ms	−18.3dB

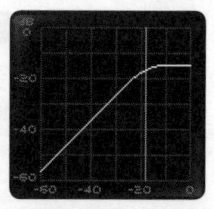

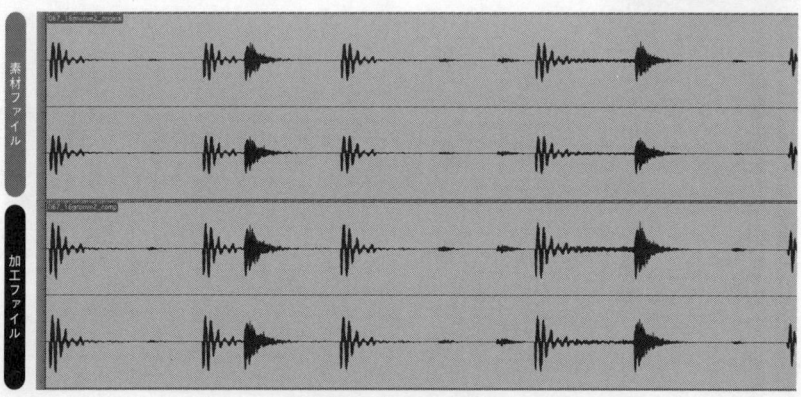

> **高レシオで余韻を強調して跳ねたビートに**

　テンポの速い16ビートのファンク系ビートを、より跳ねたグルーブにしてみましょう。レシオは高めの50：1で、ニーはキックのアタック音を少し角張らせたいのでややハード寄りにします。アタックはリム・ショットにコンプがあまり引っかからず、キックの余韻部分が圧縮される遅めのタイミングを狙います。大体100ms前後がよいでしょう。リリースはキックの余韻部分が跳ねた感じになるように340ms前後で調整してください。スレッショルドはキックのタイミングでリダクション量が−2〜−3dBになるくらい、メイクアップ・ゲインは少し大きめの+3〜+4dBにします。キックの余韻にうまくコンプがかかると、ビートを後から押し出すようなグルーブになります。

収録フォルダ PART3_drum_various

マルチバンド・コンプ 編

068

帯域別に質感と音圧を調整①

素材ファイル 068_dr_multi1_original.wav → 068_dr_multi1_comp.wav 加工ファイル

	スレッショルド	レシオ	アタック	リリース	タイプ	メイクアップ・ゲイン	マスター・アウト
低域 217.5Hz以下	−20.0dB	4.5:1	163ms	847ms	PEAK	2.2dB	
中域 217.5Hz〜6.9kHz	−29.6dB	5.6:1	113ms	1,293ms	RMS	0dB	1.9dB
高域 6.9kHz以上	−33.6dB	3.8:1	62ms	1,058ms	PEAK	0dB	

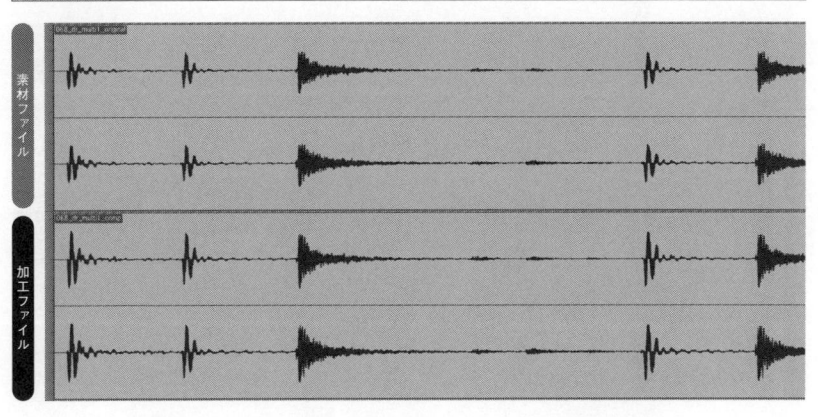

" **低域コンプで響きを強調しダークな質感を演出** "

　ロック系のドラムを、マルチバンド・コンプで低域の響きを強調してダークな印象にしてみます。周波数は3バンドで低域の200Hz以下でコンプ感を出し、高域の7kHz以上では自然な響きと余韻が伸びる感じを出します。中域は柔らかい感じの音色でリリースを遅めに設定して、自然な音量感に整えましょう。低域はレシオ4:1/アタック160ms/リリース850ms、中域はレシオ5:1/アタック110ms/リリース1.3s、高域はレシオ4:1/アタック60ms/リリース1.1sを基本に設定します。低域のメイクアップ・ゲインは＋2dB程度にして、スレッショルドは各バンドともに−5〜−10dBほどのリダクション量で、低域と中域は多め、高域は少なめにするとよいでしょう。

収録フォルダ PART3_drum_various　　　マルチバンド・コンプ 編

069

帯域別に質感と音圧を調整②

素材ファイル 069_dr_multi2_original.wav → 069_dr_multi2_comp.wav 加工ファイル

	スレッショルド	レシオ	アタック	リリース	タイプ	メイクアップ・ゲイン	マスター・アウト
低域 121.7Hz以下	−20.0dB	4.3：1	187ms	1,058ms	PEAK	1.8dB	1.9dB
中域 121.7Hz〜5.6kHz	−28.8dB	5.7：1	113ms	887ms	RMS	0dB	
高域 5.6kHz以上	−28.0dB	3.2：1	17ms	3,307ms	PEAK	0dB	

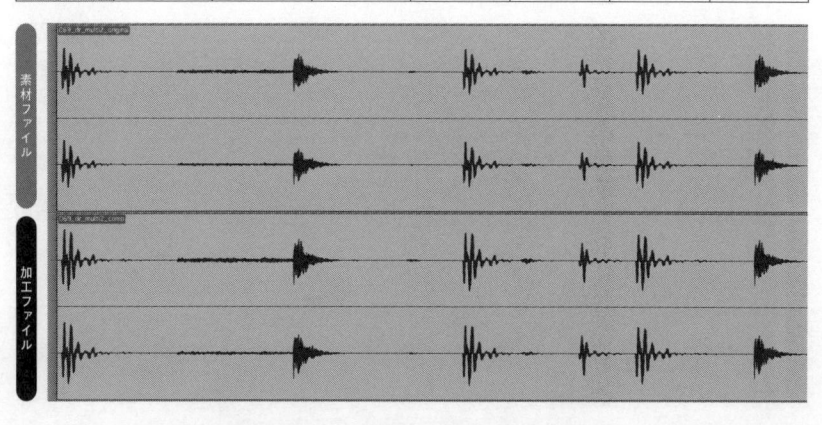

" 低域コンプを強くしてパンチを出す "

　ファンク系16ビートを、マルチバンド・コンプで主に低域のパンチを出し力強いビートにしてみましょう。帯域は3バンドで、低域は120Hz以下にして余韻を太く伸ばし、高域は6kHz以上にしてアタック感を強調しつつ余韻も伸びる感じにします。中域はアタック音を適度につぶして余韻を短めにし、キレのよいビート感を目指します。低域はレシオ4：1／アタック180ms、リリース1.1s、中域はレシオ6：1／アタック110ms／リリース880ms、高域はレシオ3：1／アタック17ms／リリース3.3sくらいで、低域のメイクアップ・ゲインを＋2dB程度に設定。スレッショルドは、リダクション量がそれぞれ−5〜−10dB程度で高域は少なめ、中域は多めで調整するとよいでしょう。

収録フォルダ PART3_drum_various

ディエッサー 編

070
高域の質感を調整

素材ファイル 070_dr_deEsser_original.wav ➡ 070_dr_deEsser_deEssing.wav 加工ファイル

周波数	最大ゲイン・リダクション量
5.4kHz	−14.0dB

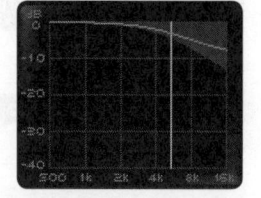

※ここではAVID De-Esserのパラメーターを基にしているため、スレッショルドは入力音量で異なります。

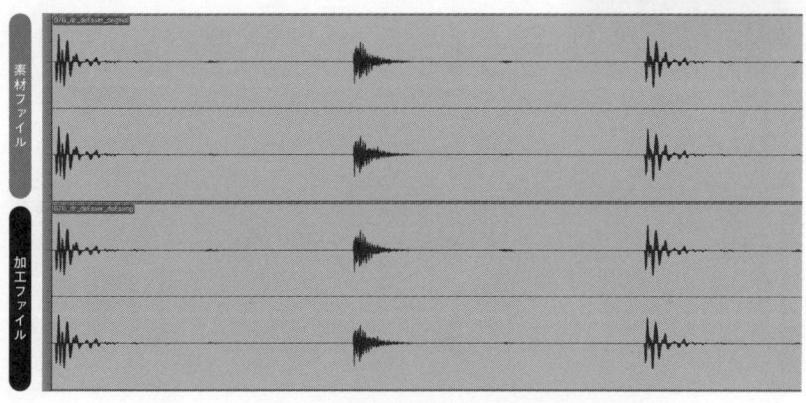

> " リム・ショットの帯域を圧縮してキックを強調 "

　ここでは高域だけにコンプがかかるディエッサーを使い、ファンク系ビートをフィルタリングしたような質感を加えて低域を目立たせてみましょう。いわば、ハイカット・フィルターをかけるようなイメージです。ディエッサーのパラメーターはプラグインの種類によってさまざまですが、ここでは最もシンプルなパラメーターで解説していきます。

　まず、コンプをかける周波数は5kHz以上に設定してください。またリダクション量の最大値が−14dBになるように設定しましょう。基本的にはこれだけでOKです。この設定の効果としてはリム・ショットが圧縮されて音量が小さく聴こえるようになり、相対的にキックの音量が大きく聴こえるようになると思います。

収録フォルダ PART3_drum_various　　　アンビエント 編

071
空気感を強調する

素材ファイル 071_dr_ambient_original.wav → 071_dr_ambient_comp.wav 加工ファイル

ニー	アタック	メイクアップ・ゲイン
23.8dB	55.3μs	11.6dB
レシオ	リリース	スレッショルド
97.7：1	2.0s	−15.3dB

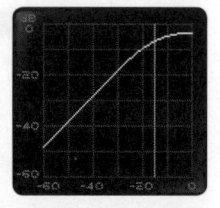

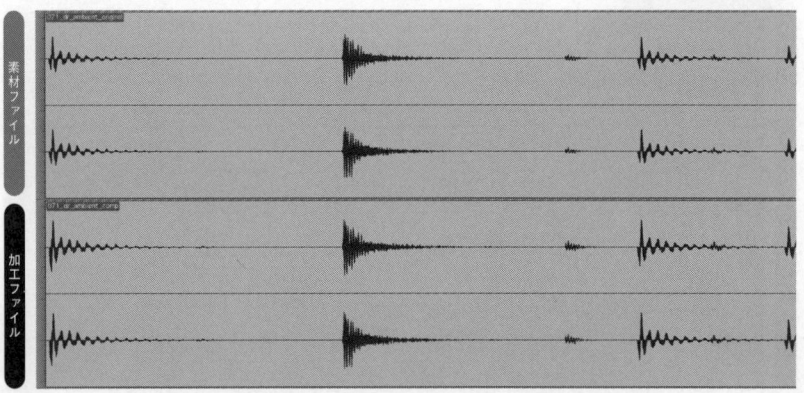

> **コンプレッションを持続させて余韻を強調**

　コンプでよりアンビエント感を強調して広い部屋で演奏している感じを出してみます。レシオは高めの90：1〜100：1の間、ニーはスネアのアタック音を柔らかくして部屋の奥で鳴っている感じにするためソフト寄りにします。アタックは、キックのアタック音が早めにつぶれて部屋鳴りが目立つように50μs前後で調整してみてください。リリースは、ドラム全体の残響が持続するように2s辺りに設定します。スレッショルドは−12dBくらいのリダクション量を目安にし、メイクアップ・ゲインは＋12dBくらいにします。コンプがかかりっぱなしになることによって余韻が持ち上がり、それによって部屋のサイズも大きくなったように感じられるようになるでしょう。

第4章
ベース
BASS

ベースはドラムとともにコンプが活躍する場面が多いパートです。特に、低音感を保ちながらフレーズも際立たせたいときにコンプは必要不可欠。本章ではポップス系、ロック系、ファンク系などのエレキ・ベース系音色、それにウッド・ベース系音色やシンセ・ベース音色について解説していきます（エレキ・ベースとウッド・ベースはいずれも打ち込みで音源を作成しました）。低域楽器は音量感の判断が難しいのですが、できるだけ素材との違いを分かりやすく加工していますので、音源ファイルを繰り返し聴いて体にたたき込んでください。

エレキ・ベース編 148
ウッド・ベース編 157
シンセ・ベース編 159

収録フォルダ PART4_bass　　　　　　　　　　　　　エレキ・ベース 編

072

ポップス系〜スロー・テンポ | 70 BPM

素材ファイル: 072_bass_pop70_original.wav → 加工ファイル: 072_bass_pop70_comp.wav

ニー	アタック	メイクアップ・ゲイン
3.7dB	10.0ms	3.8dB
レシオ	リリース	スレッショルド
6.7:1	80.0ms	−15.6dB

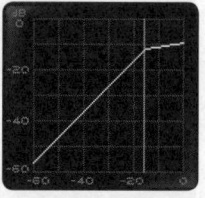

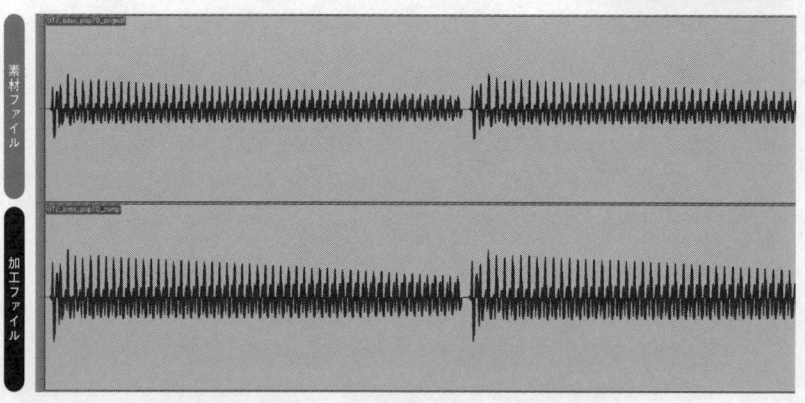

" ボディの鳴りをリリースで長めに伸ばす "

　ポップス系のスロー・テンポなエレキ・ベース音色の余韻部分をリリースで伸ばして太さを出してみましょう。レシオは6:1前後に設定して、ニーは指で弾く音が大きめになるようにハード寄りで調節してください。アタックも、指で弾くアタック音を少し強調するために、遅めのタイミングにします。この素材では10ms前後で調整するとよいでしょう。リリースは、ベースのボディが鳴っている音を少し長めに聴こえるようにしたいので、80ms前後で設定するとよいと思います。スレッショルドは、リダクション量が−3〜−4dBになるように設定して、メイクアップ・ゲインは＋3〜＋4dBくらい上げます。倍音が自然に伸びて豊かな音色になるようにするのがコツです。

収録フォルダ PART4_bass

エレキ・ベース編

073

ポップス系〜ミディアム・テンポ | 105 BPM

素材ファイル 073_bass_pop105_original.wav → 073_bass_pop105_comp.wav 加工ファイル

ニー	アタック	メイクアップ・ゲイン
1.9dB	7.7ms	4.6dB
レシオ	リリース	スレッショルド
6.1：1	41.0ms	−15.9dB

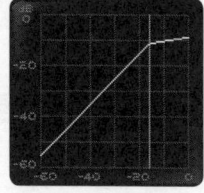

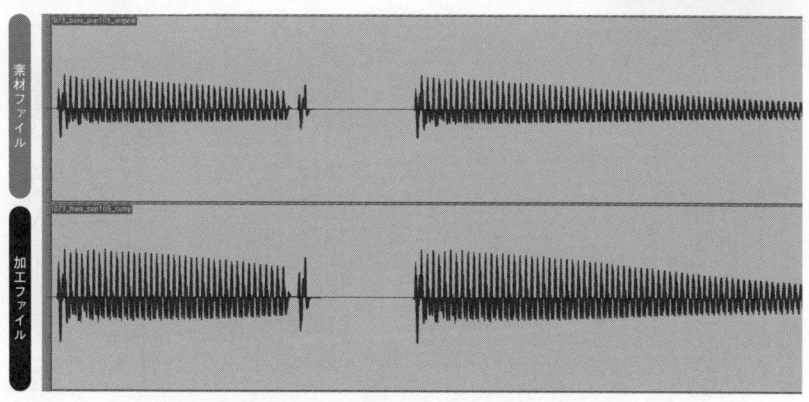

" スロー・アタックではっきりしたフレーズに "

　ポップス系エレキ・ベースの指で弾くアタック音を強めにして、フレーズの輪郭を強調してみます。レシオは6：1に、ニーはアタック音を角張った感じで目立たせたいのでハードな設定にします。アタックは、ベースのアタック音を十分に出すため遅めに設定しましょう。7〜8msくらいでベースの余韻部分にコンプが引っかかる感じにするとよいと思います。リリースは、アタック音と余韻のボリューム感と長さが同じ感じになるように40ms前後で調節してください。スレッショルドは、リダクション量が−3〜−4dBになるように設定して、メイクアップ・ゲインは＋3〜＋4dBにします。指弾きの感じとミュートする感じがはっきり出るようにすればノリがよくなるでしょう。

収録フォルダ PART4_bass

エレキ・ベース編

074

ポップス系〜アップ・テンポ

125 BPM

素材ファイル 074_bass_pop125_original.wav ➡ 074_bass_pop125_comp.wav 加工ファイル

ニー	アタック	メイクアップ・ゲイン
1.3dB	9.5ms	5.0dB
レシオ	リリース	スレッショルド
6.3：1	21.8ms	−14.4dB

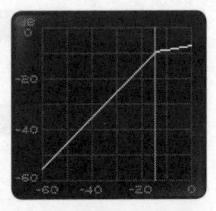

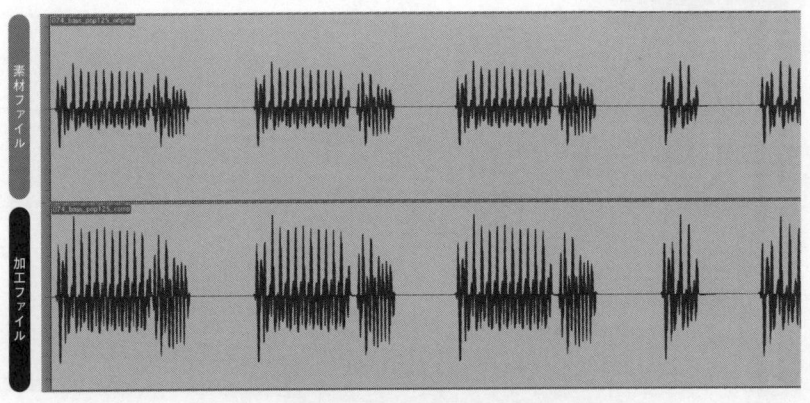

" リリースで余韻を抑えて軽快なビートに "

　ポップス系の速めのエレキ・ベースのフレーズを軽快な感じにしてみます。レシオは6：1くらい、ニーは弦に触れる指の音を強調したいのでハードな設定にします。アタックは、ベースのアタック音を十分に出したいので少し遅めの9〜10ms辺りで設定します。リリースは、アタック音を目立たせるために余韻が短めに聴こえるタイミングに設定します。20ms前後がよいでしょう。スレッショルドは、−3〜−4dBほどリダクションするように調整して、メイクアップ・ゲインは少し大きめにしたいので＋5dBくらいに設定してください。ベースの余韻よりも、指弾きのアタック音とミュート音が大きく聴こえるようになると、ビートも軽快な感じに聴こえるようになるでしょう。

収録フォルダ PART4_bass　　　　　　　　　　　　　　エレキ・ベース 編

075

ロック系〜スロー・テンポ

70 BPM

素材ファイル： 075_bass_rock70_original.wav → 075_bass_rock70_comp.wav ：加工ファイル

ニー	アタック	メイクアップ・ゲイン
1.9dB	4.6ms	7.2dB
レシオ	リリース	スレッショルド
4.0：1	24.9ms	−19.2dB

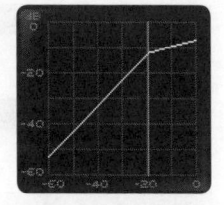

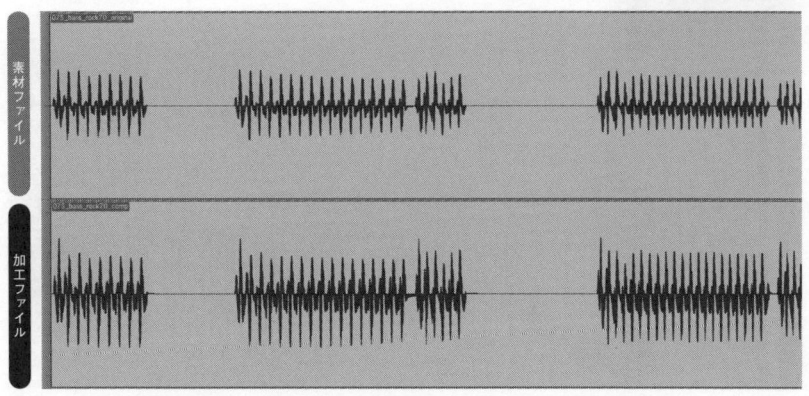

> " 強めのコンプレッションでワイルドに仕上げる "

　ロック系のゆったりしたエレキ・ベースをワイルドな感じに仕上げて臨場感を出してみましょう。レシオは4：1に、ニーはアタック音をしっかりと強調したいのでハードな設定にします。アタックは、アタック音が少しだけコンプに引っかからず飛び出る感じで4〜5msで調整してください。リリースは、余韻の途中で圧縮が終わってうまく跳ね上がるような感じを出したいので、早めの25ms前後がよいでしょう。スレッショルドは、リダクション量を多めにしてワイルドな感じを出します。−7〜−8dBくらいに設定して、メイクアップ・ゲインも＋7dBくらいでよいです。コンプを強めにかけることでベースのボディが、歪みっぽく共振しているような感じにするのがコツです。

収録フォルダ PART4_bass

エレキ・ベース 編

076

ロック系〜ミディアム・テンポ | 105 BPM

素材ファイル 076_bass_rock105_original.wav ➡ 076_bass_rock105_comp.wav 加工ファイル

ニー	アタック	メイクアップ・ゲイン
1.9dB	8.1ms	4.8dB
レシオ	リリース	スレッショルド
10.9：1	19.7ms	−15.0dB

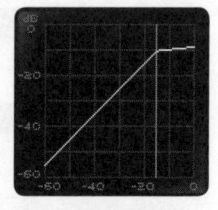

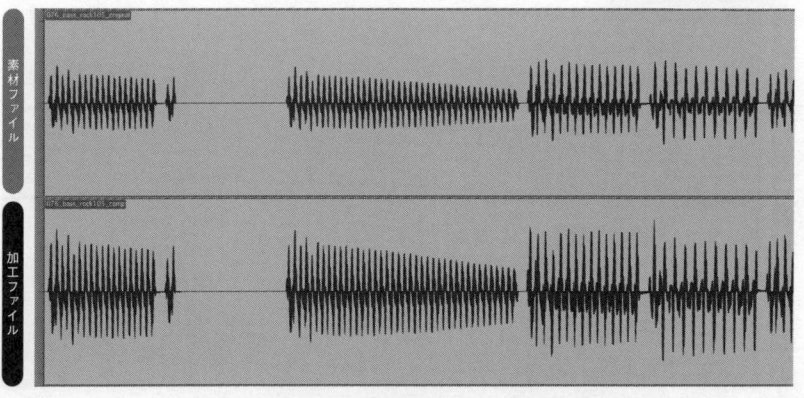

" ミュート時のノイズでグルーブ感を出す "

　ミディアム・テンポのロック系エレキ・ベースで、ミュート時の音色とタイミングを目立たせてグルーブ感を出す処理を行ってみます。レシオは高めの10：1くらいに設定します。ニーはアタック音を目立たせたいのでハードにするとよいでしょう。アタックは、ミュート時に出る"プチッ"というノイズがよく聴こえるように8ms前後で調整してみてください。リリースは、ミュート音のキレがよくなるように早めのタイミングにします。20ms前後がよいでしょう。スレッショルドは、−5〜−6dBになるように調整して、メイクアップ・ゲインは＋5dBくらいにします。ミュート音が大きくなり、タイミング的に少し前のめりに聴こえるようにするとうまくグルーブ感を出せるでしょう。

収録フォルダ PART4_bass　　エレキ・ベース 編

077

ロック系〜アップ・テンポ

125 BPM

素材ファイル 077_bass_rock125_original.wav ➡ 077_bass_rock125_comp.wav 加工ファイル

ニー	アタック	メイクアップ・ゲイン
1.2dB	4.9ms	4.8dB
レシオ	リリース	スレッショルド
2.7：1	13.2ms	−18.3dB

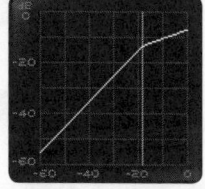

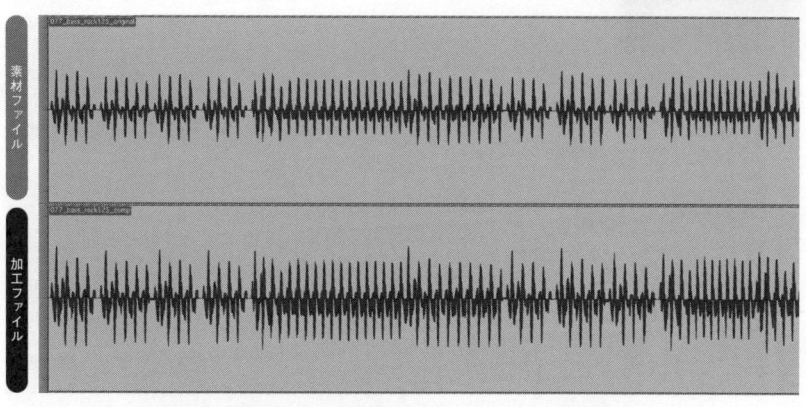

強めのコンプ感で歪ませてダークな音色に

アップ・テンポなロック系エレキ・ベースを、フレーズの雰囲気に合わせてダークな感じにしてみましょう。レシオは強めのコンプでも低音がやせないように低めの3：1前後にします。ニーはアタック音を目立たせて輪郭を出したいのでハードな設定にしましょう。アタックは、細かいフレーズのアタック音の部分だけがコンプに引っかからないように5msくらいでよいでしょう。リリースは、細かいフレーズに対して早めにコンプが反応するように10〜15msの間で調整してみてください。スレッショルドは、−5〜−6dBくらいのリダクション量にして、メイクアップ・ゲインは＋5dBくらいでよいでしょう。全体の音色が少し歪みっぽく聴こえるようにするのがポイントです。

収録フォルダ PART4_bass　　エレキ・ベース編

078

ファンク系〜スロー・テンポ | 72 BPM

素材ファイル 078_bass_funk72_original.wav → 078_bass_funk72_comp.wav 加工ファイル

ニー	アタック	メイクアップ・ゲイン
15.6dB	1.1ms	6.0dB
レシオ	リリース	スレッショルド
6.9：1	210.5ms	−17.4dB

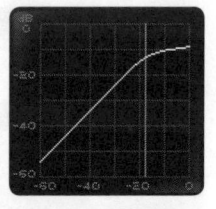

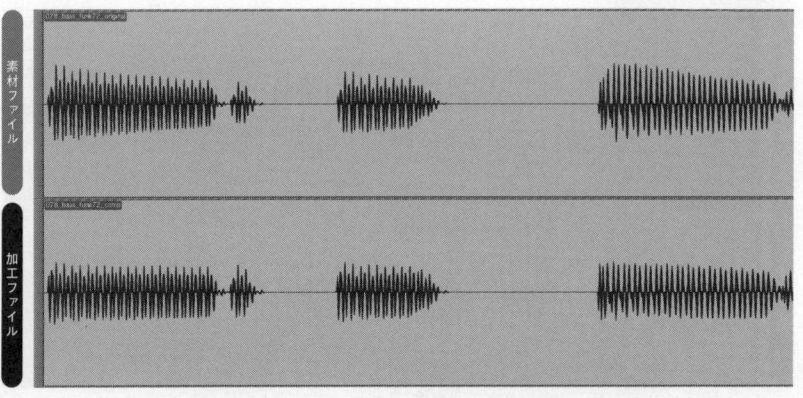

> " 余韻を強調してゆったり感のあるノリを作る "

　ファンク系のスローなエレキ・ベースのフレーズを生かして、ゆったり感のあるノリのよいフレーズにしてみます。レシオは7：1くらいで、ニーはボディの鳴りを太くしたいのでソフトとハードの中間辺りに設定します。アタックは、裏拍のアタック感が少し強調される感じの1ms前後がよいでしょう。リリースは、裏拍で気持ちよくミュートされるタイミングに調節します。大体、210ms前後でよいと思います。スレッショルドは、リダクション量が−6〜−7dBくらいになるように調整して、メイクアップ・ゲインも＋6dBくらいにします。強めのコンプレッションの設定で、アタック音よりも余韻の部分が少し大きくなるように調整すると、ノリを出せるようになるでしょう。

収録フォルダ PART4_bass

エレキ・ベース編

079

ファンク系〜ミディアム・テンポ | 105 BPM

素材ファイル 079_bass_funk105_original.wav → 079_bass_funk105_comp.wav 加工ファイル

ニー	アタック	メイクアップ・ゲイン
16.5dB	11.1ms	1.8dB
レシオ	リリース	スレッショルド
12.2：1	85.5ms	−8.1dB

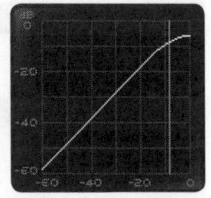

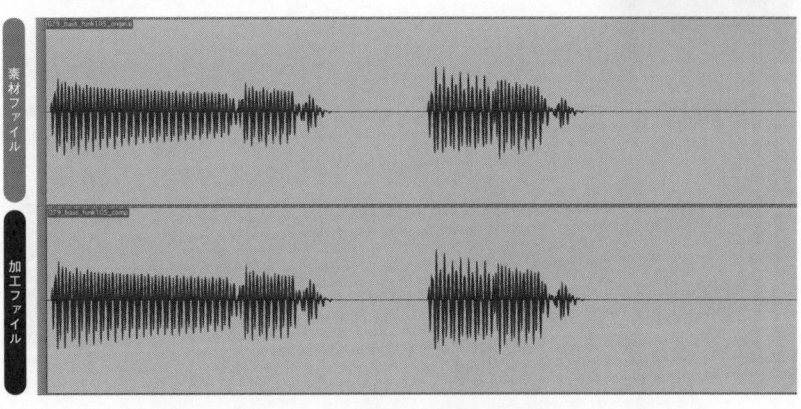

" 少なめのリダクション量で前のめりなフレーズに "

エレキ・ベース音色のファンク系フレーズを少し前のめりにして、食いつきのよいビート感にしてみましょう。レシオは少し高めの12：1に、ニーはエレキ・ベースのアタック音を太めにしたいのでややソフトな設定にします。アタックは、ベースの弦をはじく感じを十分に出したいので遅めの10〜11msくらいで調整します。リリースは、アタック音より余韻が少しだけ長く聴こえるようなタイミング、85〜90msくらいがよいでしょう。スレッショルドは、−1〜−2dBと少なめのリダクション量でよく、メイクアップ・ゲインも＋2dB程度にします。設定としては弱めのコンプレッションで、リダクション・メーターが余韻部分に反応して振れている感じに調節するのがコツです。

収録フォルダ PART4_bass　　080　　エレキ・ベース 編

ファンク系〜アップ・テンポ

125 BPM

素材ファイル: 080_bass_funk125_original.wav → 加工ファイル: 080_bass_funk125_comp.wav

ニー	アタック	メイクアップ・ゲイン
5.8dB	22.8ms	3.2dB

レシオ	リリース	スレッショルド
3.1:1	34.7ms	−19.5dB

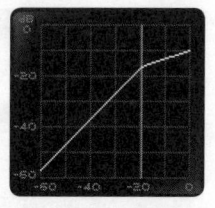

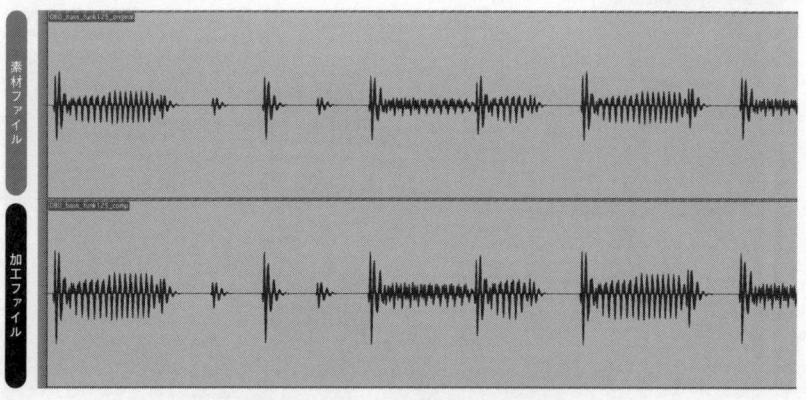

" 弦をたたくスラップ音色を目立たせる "

　ファンク系で手数の多いスラップ系のエレキ・ベース音色なので、パーカッシブな印象を強調してみましょう。レシオは低めの3:1、ニーはアタック感を目立たせるためにハード寄りの設定にします。アタックは、弦を親指でたたいているアタック音がしっかりと聴こえるように遅めの22ms前後にするとよいでしょう。リリースは、親指でたたいているフレーズが歯切れよく聴こえる35〜40msの間で調整してみてください。スレッショルドは、強く演奏している部分で−6dBほどリダクションするように調整して、メイクアップ・ゲインはあまり大きくならないように＋3dB程度にします。スラップの強く弦をたたいている感じをしっかりと出すことがポイントになります。

収録フォルダ PART4_bass　　　　　　　　　　　　　　　ウッド・ベース 編

081

4ビート系

素材ファイル: 081_w-bass_4beat_original.wav → 加工ファイル: 081_w-bass_4beat_comp.wav

ニー	アタック	メイクアップ・ゲイン
7.5dB	14.3ms	3.2dB
レシオ	リリース	スレッショルド
7.7：1	46.9ms	−13.2dB

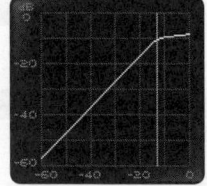

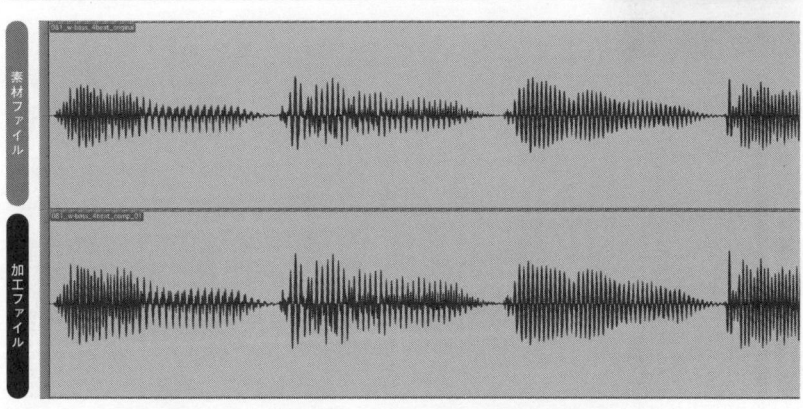

" 余韻にコンプを引っかけて太い音色に加工する "

　4ビート系のウッド・ベース音色を太く響かせてみます。レシオは7：1～8：1くらいで、ニーは弦を強くはじく感じを出すためハード寄りの設定にします。アタックは、左手でしっかりと強く押弦している感じを出したいので、遅めの14～15msくらいがよいでしょう。リリースは余韻があまり伸びすぎず、リズムに少し隙間が空く感じのタイミングを狙って45～50msの間で調整してみてください。スレッショルドは、リダクション量が−2～−3dBくらいになるように調整して、メイクアップ・ゲインも＋3dBでよいです。リダクション・メーターがリズムのタイミングより少し遅れて反応するように設定すれば、コンプが余韻部分にうまく引っかかり太く聴こえるようになります。

収録フォルダ PART4_bass

ウッド・ベース 編

082

2ステップ系

素材ファイル 082_w-bass_2step_original.wav → 082_w-bass_2step_comp.wav 加工ファイル

ニー	アタック	メイクアップ・ゲイン
1.2dB	7.7ms	3.6dB
レシオ	リリース	スレッショルド
2.7：1	24.9ms	−15.0dB

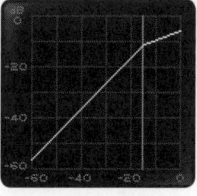

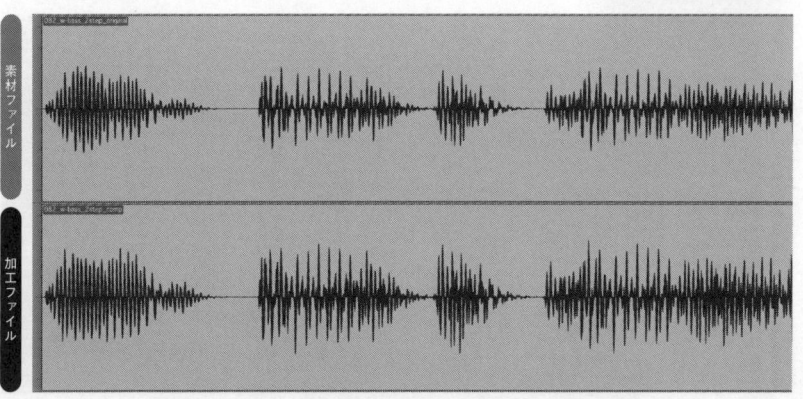

> **アタックでざらざら感を出し荒々しさを演出**

　速いテンポのウッド・ベース音色を疾走感のある荒々しい感じにしてみます。レシオは低めの2：1〜3：1くらい、ニーは弦をひっかく感じを強く出したいのでハードにします。アタックは、弦をはじいたときに出るノイズが圧縮されずにうまく飛び出るように、7〜8msの範囲で調整してください。リリースは、押弦している手を離したタイミングがビートの隙間にうまくはまることをイメージしながら、25ms前後で調整してみましょう。スレッショルドはリダクション量が−4〜−5dBくらいになるように設定します。メイクアップ・ゲインは少し小さめでもよく＋3〜＋4dBくらいでよいでしょう。フレーズが前のめりに聴こえて、ざらざらとした音が目立つようにするのがコツです。

収録フォルダ PART4_bass　　シンセ・ベース編

083

ノコギリ波系①

素材ファイル 083_s-bass_saw1_original.wav → 083_s-bass_saw1_comp.wav 加工ファイル

ニー	アタック	メイクアップ・ゲイン
11.8dB	411.5μs	6.6dB
レシオ	リリース	スレッショルド
15.0：1	82.7ms	−12.9dB

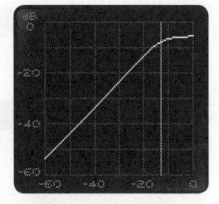

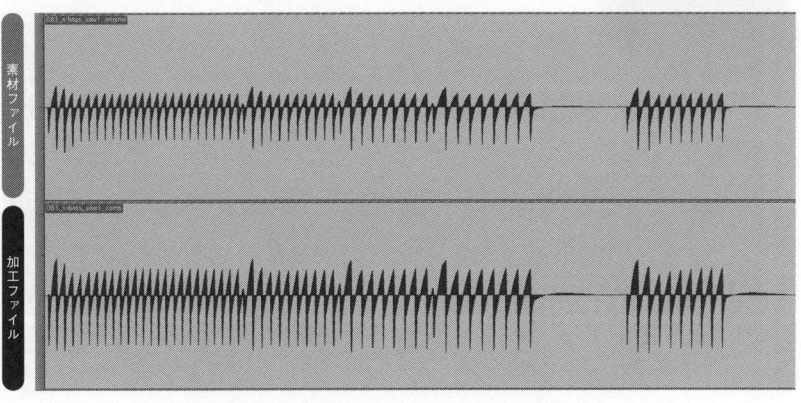

" 高レシオでアタックの倍音を引き出す "

　ノコギリ波系シンセ・ベース音色のアタック音を目立たせて、倍音が多めのサウンドに聴こえるようにしてみましょう。レシオは高めの15：1くらいに設定し、ニーはアタック音を少し歪みっぽくしたいのでやや ハード寄りに調節してください。アタックは、アタック音が目の前に近づいてくるようなポイントを探ります。大体、400μs前後がよいでしょう。リリースは、キレを重視して80〜85msの間で調整します。スレッショルドは−6dBくらいのリダクション量になるように設定して、メイクアップ・ゲインも＋6dBくらいにします。高レシオなので低音部分が少しやせて聴こえるかもしれませんが、アタック部分の倍音が増えてリズムを引っ張る感じのフレーズになるでしょう。

収録フォルダ PART4_bass　　シンセ・ベース 編

084
ノコギリ波系②

素材ファイル 084_s-bass_saw2_original.wav → 084_s-bass_saw2_comp.wav 加工ファイル

ニー	アタック	メイクアップ・ゲイン
8.5dB	13.6ms	7.0dB
レシオ	リリース	スレッショルド
6.1:1	359.1ms	−22.5dB

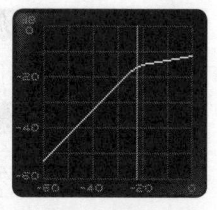

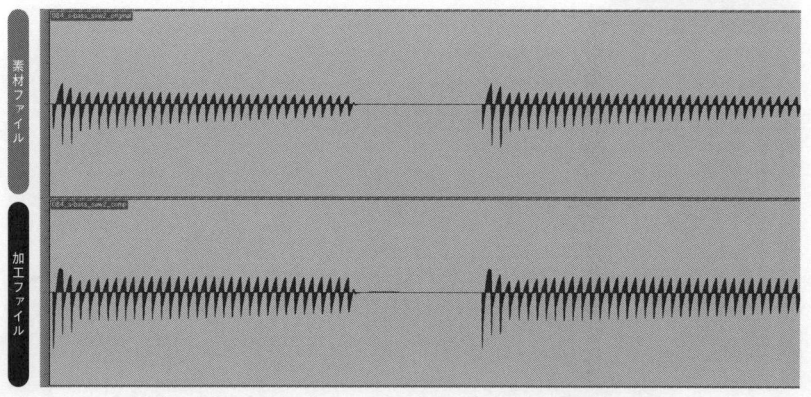

" スロー・アタック&リリースでうねり感を強調 "

　テンポがゆっくりめのノコギリ波系シンセ・ベースを、うねるような感じのフレーズにしてみます。レシオは6：1、ニーはアタック音を少し歪ませて目立たせたいのでハード寄りに設定します。アタックは、コンプが余韻部分だけに引っかかるように、遅めの13〜14msの間で調整してみてください。リリースは、コンプが次の音の頭にギリギリ引っかからないで、なおかつ遅めのタイミングを探します。大体、360ms前後になるでしょう。スレッショルドは、−7〜−8dBほどリダクションする設定にして、メイクアップ・ゲインも＋7dBくらい上げてください。このように余韻部分を強くコンプレッションすると、全体的にゆったりとしたグルーヴ感を生み出すことができるようになります。

収録フォルダ PART4_bass シンセ・ベース編

085

ノコギリ波系③

素材ファイル 085_s-bass_saw3_original.wav → 085_s-bass_saw3_comp.wav 加工ファイル

ニー	アタック	メイクアップ・ゲイン
4.9dB	2.2ms	5.8dB
レシオ	リリース	スレッショルド
21.7：1	39.7ms	−18.3dB

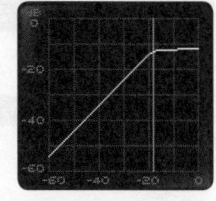

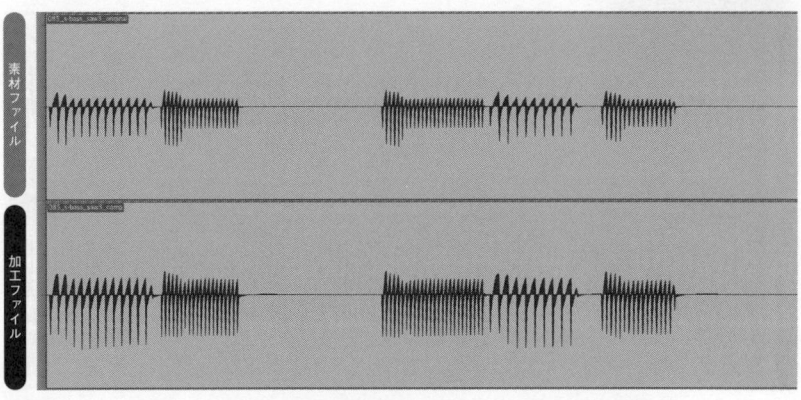

> **リリースで余韻の歯切れをよくして跳ねさせる**

ノコギリ波系シンセ・ベースの音色に変化を持たせて跳ねた感じにしてみましょう。レシオは高めの20：1前後、ニーはフレーズの頭が角張って強調されるハード寄りにします。アタックはフレーズの頭にあるビリビリとしたノイズが少し出るようなタイミングの2ms前後で調整してください。リリースは低音成分の歯切れがよくなり、リズム的に少し隙間が空く40ms前後がよいでしょう。スレッショルドは、リダクション・メーターがリズムに応じて反応するように調節し、最大で−6〜−7dBくらいリダクションするように設定します。メイクアップ・ゲインは＋6dBくらいです。ベースの余韻部分が歯切れよくリズムを刻むように各パラメーターを調節していくとよいでしょう。

収録フォルダ PART4_bass　　シンセ・ベース 編

086
スクエア系①

素材ファイル 086_s-bass_sql_original.wav → 086_s-bass_sql_comp.wav 加工ファイル

ニー	アタック	メイクアップ・ゲイン
10.5dB	2.9ms	3.8dB
レシオ	リリース	スレッショルド
21.2：1	11.6ms	−14.7dB

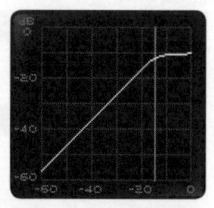

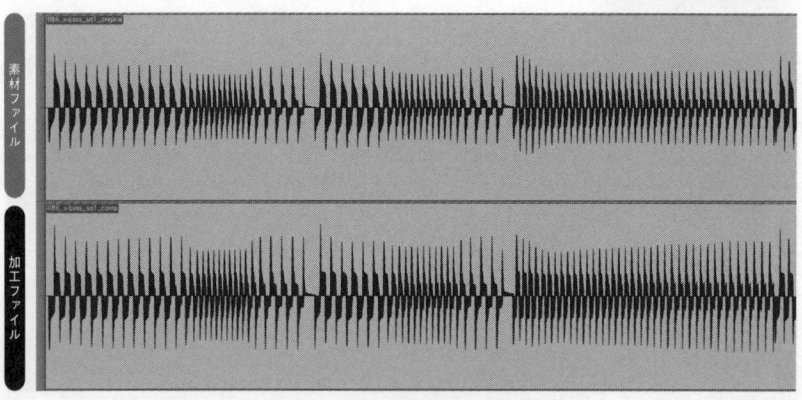

> **ハード・ニーで低音をうねらせる**

　スクエア波系シンセ・ベースにうねるような音色変化を付けて、グルーブを強調してみます。レシオは高めの20：1に設定して、ニーは低音がうねるようなポイントを探してややハード寄りに設定します。アタックは、アタック音が強調されるように余韻部分でコンプが引っかかる3ms前後のタイミングに設定するとよいでしょう。リリースは、フレーズの裏拍が跳ねた感じになるように11〜12msくらいで調節してください。スレッショルドは、リダクション量が−6dBくらいになるように設定して、メイクアップ・ゲインはあまり大きくなりすぎない＋3〜＋4dBくらいにします。余韻の中で聴こえるビリビリという音色が跳ねて目立つ感じに音作りしていくといいでしょう。

収録フォルダ PART4_bass　　シンセ・ベース 編

087

スクエア系②

素材ファイル 087_s-bass_sq2_original.wav → 087_s-bass_sq2_comp.wav 加工ファイル

ニー	アタック	メイクアップ・ゲイン
0.0dB	1.6ms	5.6dB
レシオ	リリース	スレッショルド
4.1：1	7.5ms	−15.6dB

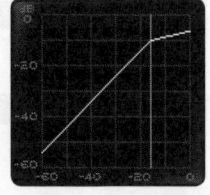

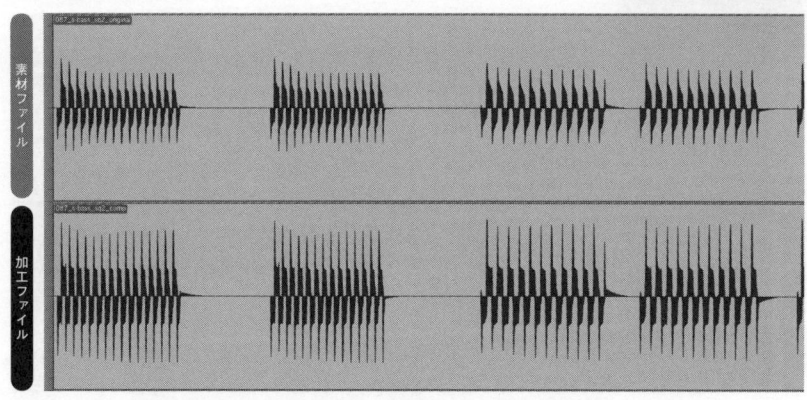

> **音色変化のうねり感を際立たせてグルービーに**

　スクエア波系シンセ・ベースのノイズ成分を目立たせて、ワイルドな音色にしてみましょう。レシオは4：1に設定して、ニーはアタック音をビリビリした感じにしたいのでハードにします。アタックは、アタック音の中にある"プチッ"という音だけを目立たせたいので、1〜2ms辺りで調整してください。リリースは、余韻の音色が変化している部分がうねるような感じで跳ね返る7〜8ms辺りがよいと思います。スレッショルドは−5〜−6dBほどリダクションする設定で、メイクアップ・ゲインは＋6dBくらいでよいでしょう。低音が多少控えめな音色になっても、余韻のうねりを強調する方向で各パラメーターを設定すると、フレーズ全体のグルーブ感を出すことができます。

収録フォルダ PART4_bass　　　　シンセ・ベース 編

088
サイン波系

素材ファイル: 088_s-bass_sine_original.wav → 加工ファイル: 088_s-bass_sine_comp.wav

ニー	アタック	メイクアップ・ゲイン
10.5dB	11.7ms	6.8dB
レシオ	リリース	スレッショルド
3.4：1	21.7ms	−16.8dB

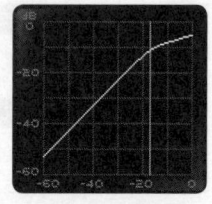

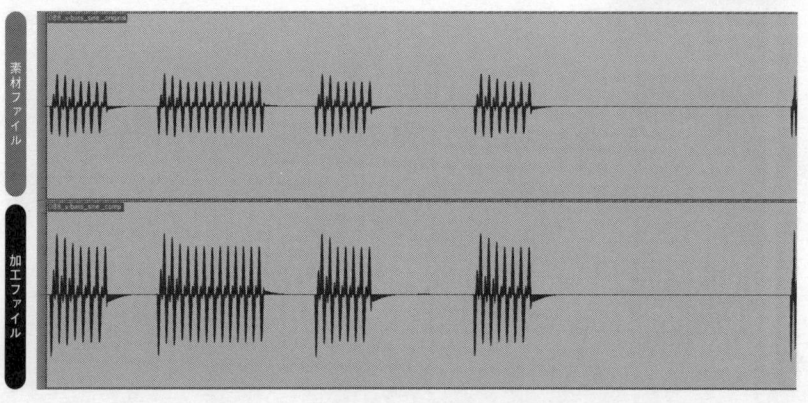

> " **アタック部分のノイズを目立たせると力強い音色になる** "

　サイン波系シンセ・ベースを臨場感のある力強い音にしてみます。レシオを3：1〜4：1の範囲、ニーはアタック部分のノイズ成分が目立つようにややハード寄りに設定します。アタックは、フレーズの頭にあるノイズ成分がきれいに聴こえるタイミングを探り11〜12msの間で調整してください。リリースは、アタック部分より余韻部分の音量が少し持ち上がって聴こえる21〜22ms辺りがよいでしょう。スレッショルドはリダクション量が−3〜−4dBになるように設定して、メイクアップ・ゲインは少し大きめの＋6〜＋7dBくらいにします。シンセ・ベースのノイズが、エレキ・ベースの弦をはじくときの音のように聴こえる感じに設定することが、グルーブ感を出すコツになります。

収録フォルダ PART4_bass　　　　　　　　　　　　　　　　シンセ・ベース 編

089

複合系

素材ファイル 089_s-bass_vari_original.wav　➡　089_s-bass_vari_comp.wav 加工ファイル

ニー	アタック	メイクアップ・ゲイン
1.2dB	2.1ms	3.6dB
レシオ	リリース	スレッショルド
6.3：1	11.2ms	−17.1dB

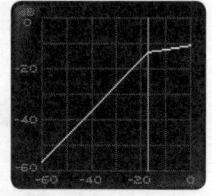

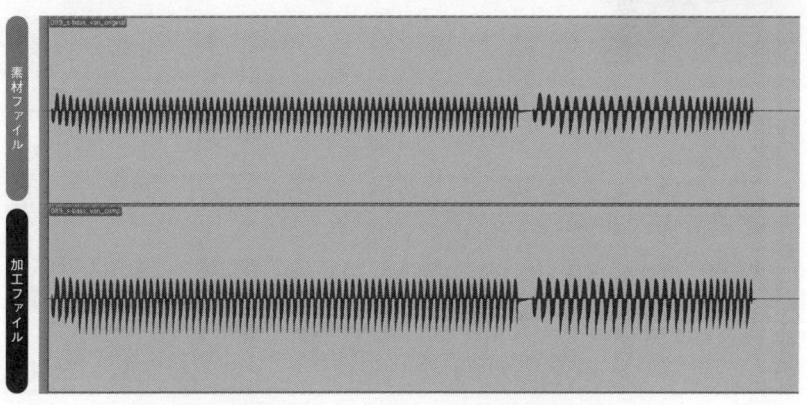

" 余韻の部分にコンプをかけて不思議なグルーブに "

　複数の波形で作られたシンセ・ベースの余韻を加工して奥行きを出してみます。レシオは6：1、ニーはアタック音をパチパチと目立たせたいのでハードな設定にします。アタックは、アタック部分にあるノイズ成分がコンプに引っかからず飛び出る感じの2ms前後がよいでしょう。リリースは、余韻が短く跳ね返る感じにしたいので10〜12msに設定します。スレッショルドは、余韻部分がコンプに反応する感じで−3〜−4dBくらいのリダクション量に設定し、メイクアップ・ゲインもリダクション量と同じくらいの＋3〜＋4dBくらいでよいでしょう。余韻部分のゴロゴロとした音色とアタック音がずれているような不思議なグルーブ感が出るようにするのがポイントです。

収録フォルダ PART4_bass　　シンセ・ベース編

090

TB-303系

素材ファイル 090_s-bass_303_original.wav → 090_s-bass_303_comp.wav 加工ファイル

ニー	アタック	メイクアップ・ゲイン
9.6dB	480.2μs	5.2dB
レシオ	リリース	スレッショルド
5.7：1	21.8ms	−14.1dB

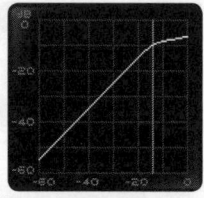

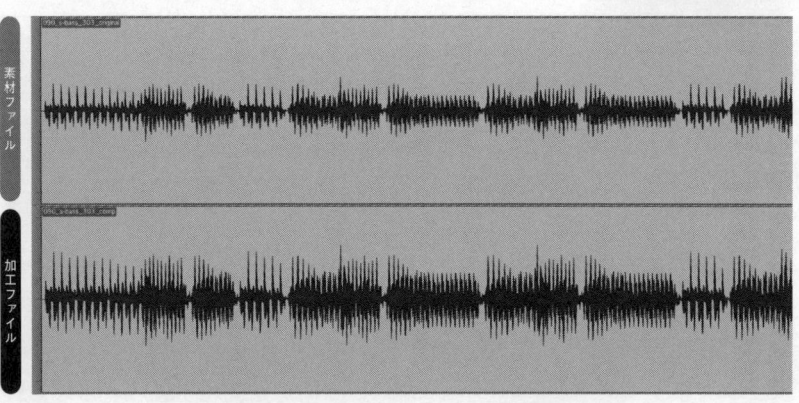

> " **アタック感をそろえてリリースでキレを出す** "

　ROLAND TB-303系シンセ・ベースのフレーズを、スピード感のある雰囲気に加工してみましょう。レシオは5：1〜6：1、ニーはフレーズの頭が少し角張って聴こえるようにハード寄りの設定にします。アタックは、フレーズの頭のアタック感がそろうように400〜500μsの間で調整してみてください。リリースは、余韻の高域成分の音色が伸びすぎずキレがよくなる20ms前後がよいと思います。スレッショルドはリダクション量が−3dBくらいになるように設定して、メイクアップ・ゲインは少し大きめにしたいので＋5dBくらいにします。フレーズ内の高音部分と低音部分のニュアンスをうまく絡み合わせるように各パラメーターを調節すると疾走感のあるサウンドになるでしょう。

第5章
ギター
GUITAR

意外と見落としがちなのがギターへのコンプレッションではないでしょうか。プロはミックス・ダウンの工程でギターにもコンプをかけることによりサウンドを磨きあげていきます。本章ではエレクトリック・ギター(エレキ)のカッティング／リフ／ソロ／アルペジオ、アコースティック・ギター (アコギ) のカッティング／アルペジオ／ソロなどにおけるコンプ設定例を解説していきます。エレキではクリーンやクランチ、ディストーションなどの音色違いの素材も用意しました。エッジの聴いたギター・サウンドを作りたい方は、ぜひ熟読してみてください。

エレキ編 168
アコギ編 189

収録フォルダ PART5_guitar　　エレキ 編

091

カッティング:クリーン系 | 80 BPM

素材ファイル 091_eg_cl80_original.wav → 091_eg_cl80_comp.wav 加工ファイル

ニー	アタック	メイクアップ・ゲイン
21.1dB	119.7μs	4.2dB
レシオ	リリース	スレッショルド
37.6:1	676.9ms	−10.2dB

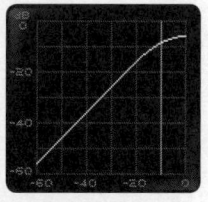

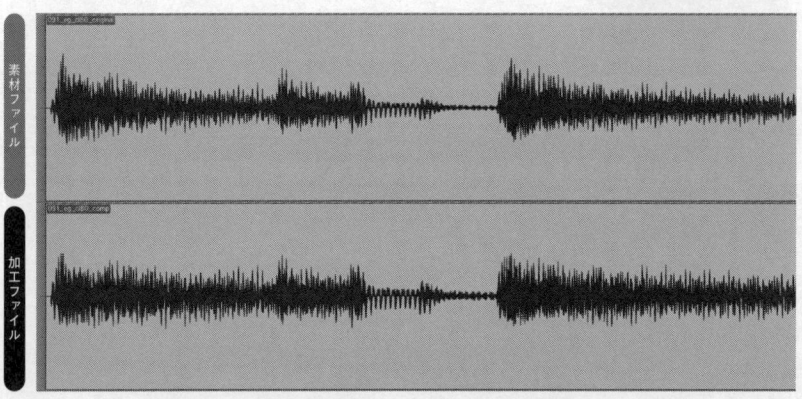

強めのコンプでフレーズに安定感を与える

　テンポがゆっくりめのクリーン系エレキ・カッティングを、コード感と倍音がよく聴こえるようにしてみます。レシオは高めの30:1〜40:1の間、ニーは弦のアタック感を丸めてコード感が聴こえるようにしたいのでソフト寄りにします。アタックはフレーズに安定感を与えるため早めの100〜200μsで設定。リリースは、余韻を伸ばしてコード感がよく分かるように遅めの670〜680ms程度で調整してください。スレッショルドはリダクション量が−4〜−5dBになるようにして少し強めのコンプで安定感を出します。メイクアップ・ゲインは+4〜+5dBくらいでよいでしょう。淡々としたフレーズにして空ピックのタイミングが少し後ろ気味に聴こえるとカッコよいと思います。

収録フォルダ PART5_guitar　　エレキ編

092

カッティング：クリーン系

110 BPM

素材ファイル 092_eg_cl110_original.wav → 092_eg_cl110_comp.wav 加工ファイル

ニー	アタック	メイクアップ・ゲイン
6.4dB	171.6μs	4.4dB
レシオ	リリース	スレッショルド
15.3：1	111.7ms	−12.9dB

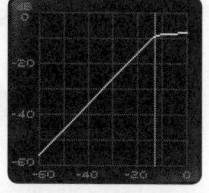

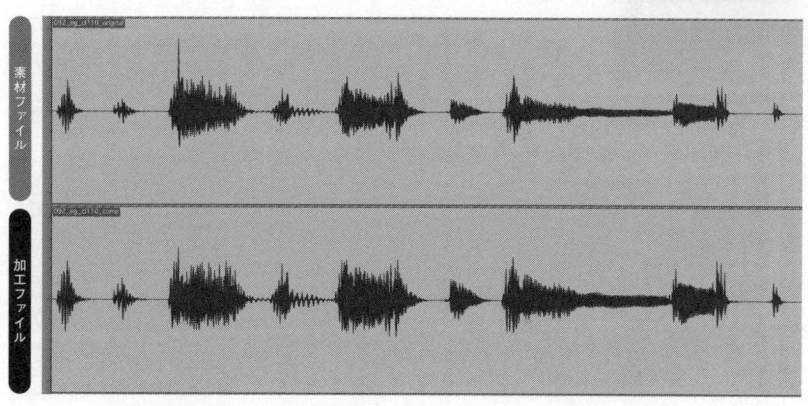

> **コンパクト・エフェクターのコンプをかけた雰囲気に**

　16ビート系クリーン・カッティングに、コンパクト・エフェクターのコンプをかけたようなニュアンスにしてみましょう。レシオは高めの15:1くらい、ニーはミュート音が角張る感じにしたいのでハード寄りの設定にします。アタックは、ビートのアタック感を少しだけ飛び出させたいので170μs前後で調整。リリースは余韻を伸ばしてフレーズが続く感じにしたいので110〜120msの間に設定します。スレッショルドはコンプを強めにかけて雰囲気を出すために、強く弾いた部分のリダクション量が−10dBくらいになるようにします。メイクアップ・ゲインは＋4〜＋5dBくらいでよいでしょう。いわゆるコンプ感の強い音色でグルーブ感を出すようにするのがポイントです。

収録フォルダ PART5_guitar　　　エレキ 編

093

カッティング:クリーン系 | 125 BPM

素材ファイル 093_eg_cl125_original.wav → 093_eg_cl125_comp.wav 加工ファイル

ニー	アタック	メイクアップ・ゲイン
19.2dB	259.0μs	6.2dB
レシオ	リリース	スレッショルド
6.7:1	145.9ms	−14.1dB

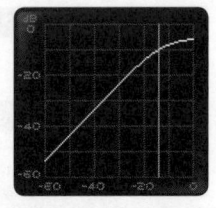

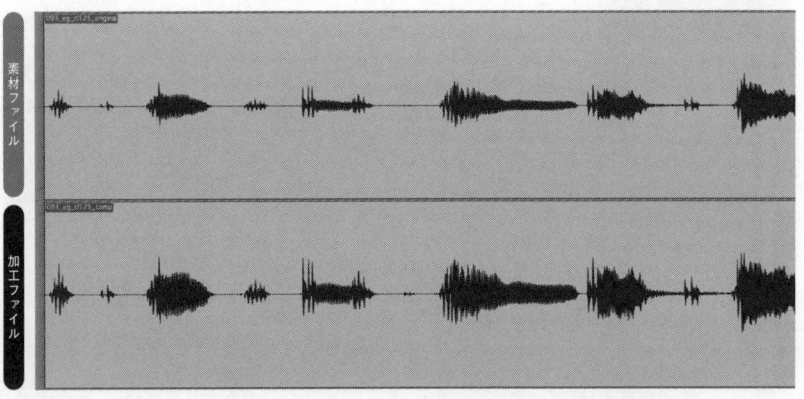

" 空ピックを太くしてパーカッシブなフレーズに加工 "

　アップ・テンポな16ビート系クリーン・カッティングの空ピックを目立たせて、パーカッシブなフレーズにしてみましょう。レシオは6:1〜8:1くらい、ニーは空ピックを太い感じにしたいのでソフト寄りにします。アタックは、ピックが弦に当たるアタック音を少しだけ出す感じの200〜300μsくらいで調整しましょう。リリースは、空ピックのアタック音が少し持続して聴こえるように145〜150msくらいで設定してください。スレッショルドは強く弾いた部分で−5dBほどリダクションするように設定し、メイクアップ・ゲインは少し大きめに聴かせたいので+5〜+6dBくらいにします。空ピックに太くリズミックなフレーズ的要素を持たせて大きく聴こえるようにするのがコツです。

収録フォルダ PART5_guitar　　　　　　　　　　　　　　　エレキ編

094

カッティング:クランチ系

80 BPM

素材ファイル　094_eg_cr80_original.wav　→　094_eg_cr80_comp.wav　加工ファイル

ニー	アタック	メイクアップ・ゲイン
0.0dB	724.8μs	5.0dB
レシオ	リリース	スレッショルド
16.4:1	23.3ms	−19.8dB

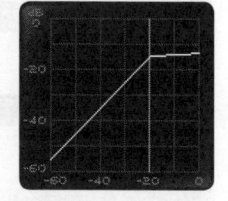

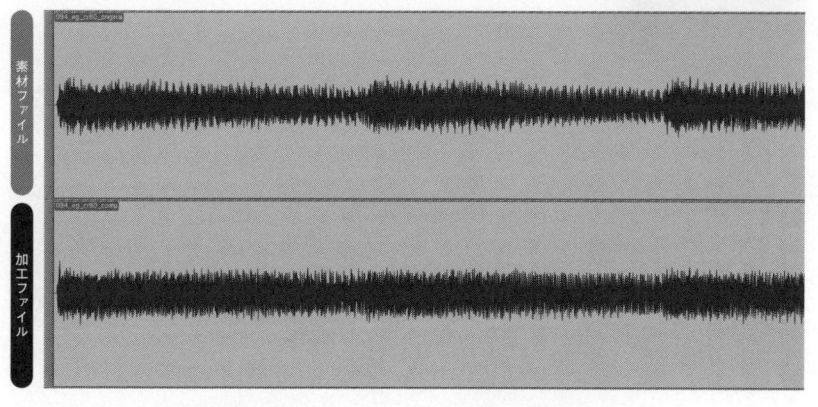

> **強めのコンプレッションで歪み感を出す**

　ゆったりとしたクランチ系カッティングの素材で、アンプ・キャビネットがビリついて迫力が出ている感じにしてみましょう。レシオは高めの16:1〜18:1くらい、ニーはアタック音を歪みっぽくしたいのでハードに設定。アタックは、強く弾いたときのアタック音が少しだけ出るニュアンスで700〜800μsに設定します。リリースは、裏拍の音が少し遅れる感じの20〜25ms辺りがよいでしょう。スレッショルドは強めのコンプで歪み感を出したいので、リダクション量が−6〜−8dBくらいになるようにします。メイクアップ・ゲインはあまり大きくしないで＋5dBくらいでよいでしょう。コンプがかかりっぱなしになることで、低音がビリついている感じが出ると思います。

収録フォルダ PART5_guitar

エレキ編

095

カッティング:クランチ系

105 BPM

素材ファイル 095_eg_cr105_original.wav → 095_eg_cr105_comp.wav 加工ファイル

ニー	アタック	メイクアップ・ゲイン
9.7dB	335.0μs	4.0dB
レシオ	リリース	スレッショルド
7.5:1	88.4ms	−14.1dB

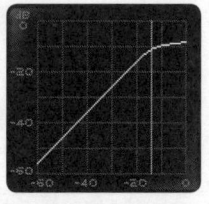

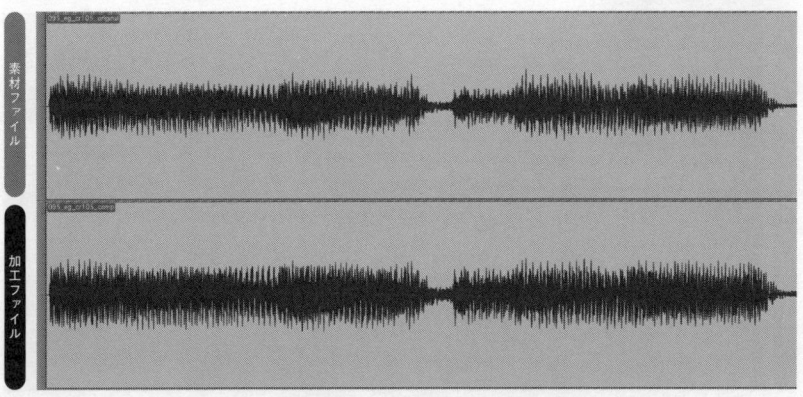

> **リリースで中低音を伸ばして押し出し感を作る**

　クランチ系エレキ・カッティングを、ダークで押し出し感が強く、目の前に迫ってくる感じにしてみます。レシオは7:1〜8:1くらいの間で、ニーはギターの角張ったアタック感を出したいのでややハードな設定にします。アタックは、空ピックのアタック音を少しだけコンプに引っかからず飛び出すようにしたいので、300〜400μsくらいで調整してください。リリースは、余韻が伸びて少し後ノリになるように85〜90ms辺りで設定します。スレッショルドは、強く弾いたフレーズの部分でリダクション量が−4〜−5dBくらいになるように調整して、メイクアップ・ゲインは+4dBくらいでよいでしょう。歪みっぽい中低音が目立って伸びる感じにするのがコツです。

収録フォルダ PART5_guitar

エレキ編

096

カッティング：クランチ系

125 BPM

素材ファイル 096_eg_cr125_original.wav → 096_eg_cr125_comp.wav 加工ファイル

ニー	アタック	メイクアップ・ゲイン
8.1dB	6.6ms	5.8dB
レシオ	リリース	スレッショルド
3.5：1	72.4ms	−19.2dB

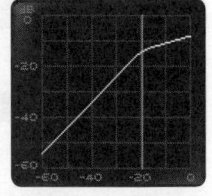

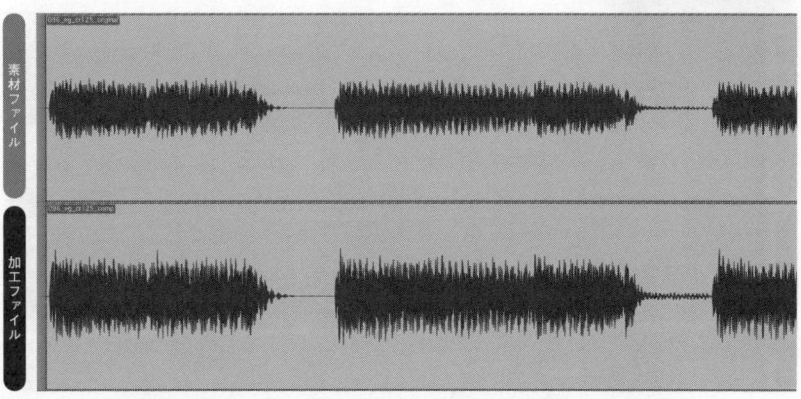

" アタック部分と余韻部分の音色変化で迫力を出す "

　速めのクランチ系カッティングを、目の前で弾いているような迫力のある感じにしてみましょう。レシオは3：1〜4：1、ニーはアタック部分を歪みっぽくしたいのでハード寄りにします。アタックは、強く弾いている部分のアタック感を十分に出すため遅めの6〜7ms辺りがよいでしょう。リリースは、ミュートのタイミングが少しだけ遅めに聴こえる70〜75msくらいで調整します。スレッショルドは余韻部分でコンプを引っかけたいので、リダクション量が−3〜−4dBになるように設定してください。メイクアップ・ゲインは少し大きめの＋5〜＋6dBくらいがよいでしょう。アタック部分と余韻の音色がコンプによってうまく変化がつくようにすれば迫力を出せると思います。

収録フォルダ PART5_guitar　　エレキ編

097
カッティング：ディストーション系 | 80 BPM

素材ファイル 097_eg_dist80_original.wav → 097_eg_dist80_comp.wav 加工ファイル

ニー	アタック	メイクアップ・ゲイン
7.5dB	19.5ms	4.4dB
レシオ	リリース	スレッショルド
9.5：1	72.4ms	−19.8dB

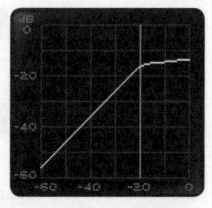

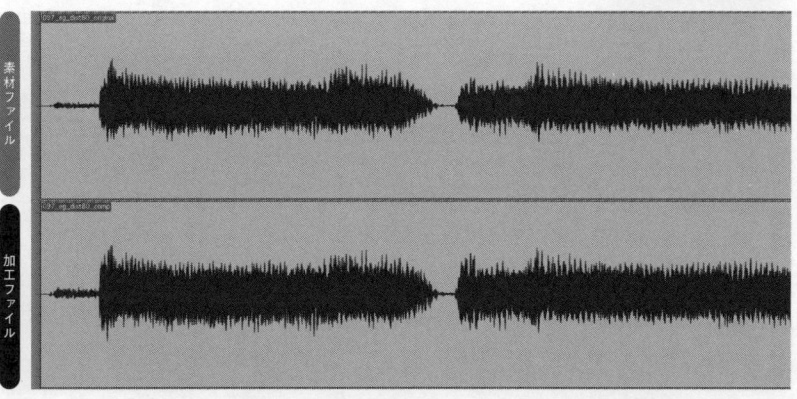

"アタック&リリースの設定でうねり感を作る"

　ゆっくりめのディストーション系カッティングで、アタック音を目立たせつつ余韻も伸ばしてノリを出してみます。レシオは10：1前後に設定して、ニーはアタック部分が角張るようにハード寄りにしてください。アタックは、裏拍のアタック感がうまく出るタイミングを探して遅めの20ms前後で調整するとよいでしょう。リリースは、フレーズの隙間がなくなるような感じをイメージして70〜80msの範囲で設定してみてください。スレッショルドはリダクション量が−4〜−5dBになるように設定して、メイクアップ・ゲインはリダクション分を戻す感じで＋4〜＋5dBくらいにします。アタックと余韻が波のようにうねる感じにするとノリが生まれてくると思います。

収録フォルダ PART5_guitar　　　　　　　　　　エレキ編

098

カッティング:ディストーション系 | 105 BPM

素材ファイル 098_eg_dist105_original.wav → 098_eg_dist105_comp.wav 加工ファイル

ニー	アタック	メイクアップ・ゲイン
20.2dB	7.3ms	4.8dB
レシオ	リリース	スレッショルド
15.7:1	161.2ms	−15.6dB

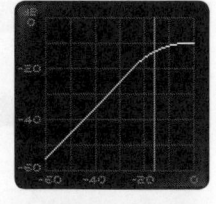

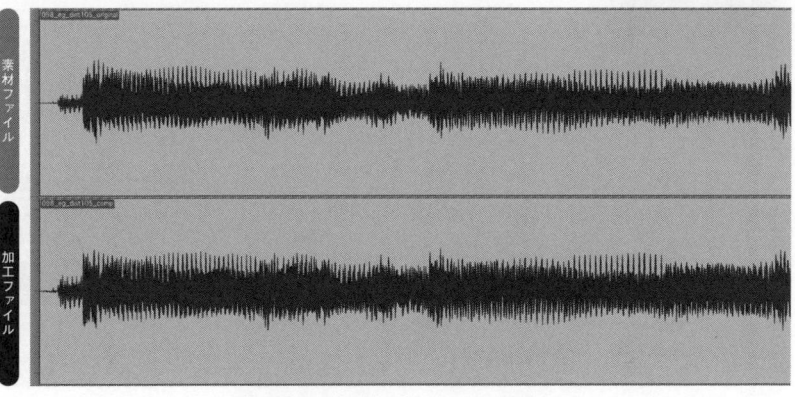

歪み感を強調して太さを演出

　ディストーション系カッティングの歪み感を伸ばすことで、太く聴こえるサウンドにしてみましょう。レシオは14:1〜16:1の範囲で設定して、ニーはアタック部分が丸く太くなるようにややソフト寄りにします。アタックは、フレーズの1拍目のアタック音が少し出るようなタイミングを探し、遅めの7〜8ms前後で調整してください。リリースは、空ピックのフレーズの隙間が少し聴こえるように160〜170msの間で設定するとよいでしょう。スレッショルドはリダクション量が−4〜−5dBになるように設定して、メイクアップ・ゲインはリダクションした分を補うために＋4〜＋5dBくらいにします。余韻の中低音が盛り上がって伸びて聴こえるようにするのがコツです。

収録フォルダ PART5_guitar　　エレキ編

099

カッティング:ディストーション系 | 160 BPM

素材ファイル　099_eg_dist160_original.wav　→　099_eg_dist160_comp.wav　加工ファイル

ニー	アタック	メイクアップ・ゲイン
4.0dB	147.0μs	5.2dB
レシオ	リリース	スレッショルド
7.9:1	42.4ms	−13.5dB

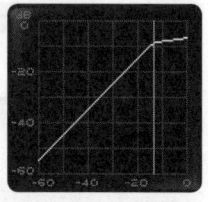

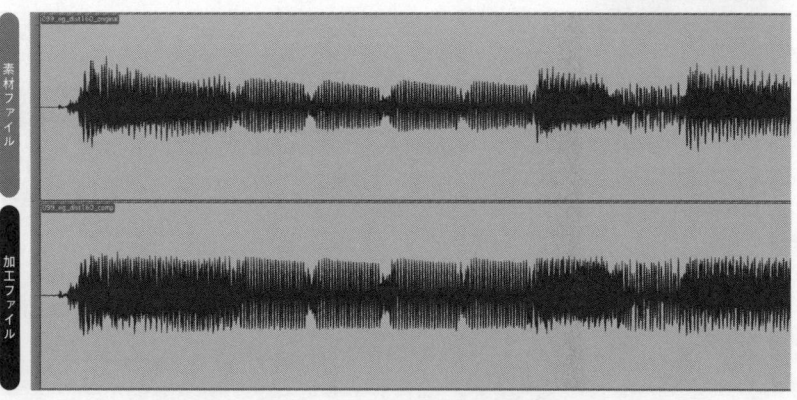

> **深めのリダクション量で歪み感を太くする**

　テンポが速めのディストーション系カッティングです。この歪み感を太くして迫力を出してみます。レシオは8:1、ニーはアタック部分を強く歪ませたいのでハードに設定してください。アタックは、ピックが弦に当たるノイズ部分のアタック音が少し強調されるように100〜200μs前後で調整します。リリースは、余韻がスクエアなリズムに聴こえるタイミングに調整するといいでしょう。40〜45ms辺りで試してみてください。スレッショルドはリダクション量が−8dB程度になるように調節して、メイクアップ・ゲインはあまり大きく聴こえなくてよいので、＋5dBくらいに設定します。中低音の太い歪み感が目の前に迫ってくるような感じで音作りしてみてください。

収録フォルダ PART5_guitar エレキ編

100

リフ:クランチ系

80 BPM

素材ファイル 100_egriff_cr80_original.wav → 加工ファイル 100_egriff_cr80_comp.wav

ニー	アタック	メイクアップ・ゲイン
6.3dB	3.6ms	6.8dB
レシオ	リリース	スレッショルド
7.9:1	190.5ms	−20.4dB

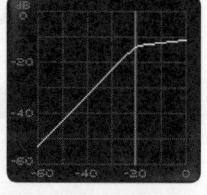

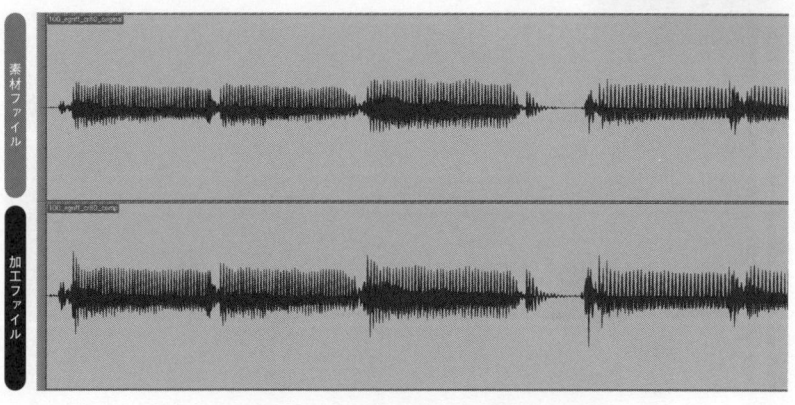

" **ハードなニー設定でノイズ成分を強調** "

スローなクランチ系音色のノイズ成分を強調して、荒々しいサウンドのリフにしてみましょう。レシオは8:1前後に設定して、ニーはギターのノイズ部分が歪む感じにしたいのでハード寄りで調整します。アタックは、ミュートのフレーズ感がうまく出るようなタイミングを探して3〜4msくらいで調整してください。リリースは、リフのフレーズが少しもたって聴こえるようなタイミングに設定します。190msくらいがよいと思います。スレッショルドは−7dBくらいのリダクション量になるように設定して、メイクアップ・ゲインは+7dB前後でよいでしょう。ギターのボディが気持ちよく鳴って、歪んだ感じが強調されて聴こえるようにするのがポイントです。

収録フォルダ PART5_guitar　　　　　　　　　　　　　　　　　エレキ 編

101

リフ:クランチ系

110 BPM

素材ファイル: 101_egriff_cr110_original.wav → 101_egriff_cr110_comp.wav :加工ファイル

ニー	アタック	メイクアップ・ゲイン
14.2dB	1.2ms	5.8dB
レシオ	リリース	スレッショルド
16.8:1	33.6ms	−14.4dB

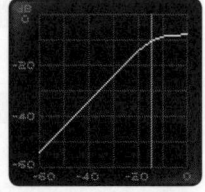

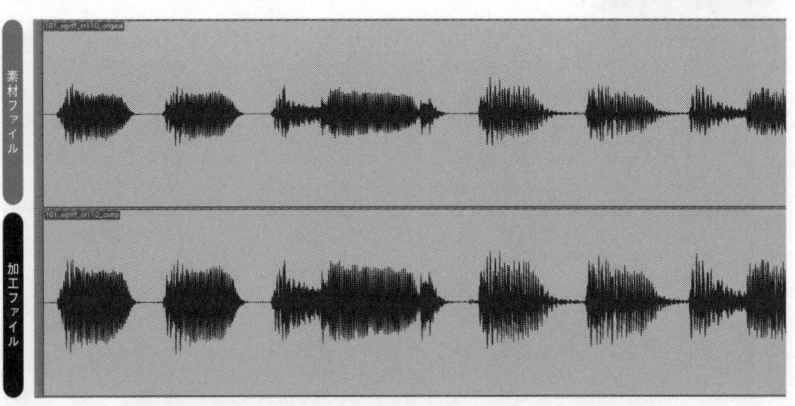

" 余韻をポンピングさせてグルービーなフレーズに "

　クランチ・サウンドの16ビート系リフを跳ねる感じにして、ノリの良いフレーズにしてみます。レシオは高めの16:1くらいに設定して、ニーはギターのボディが太く鳴る感じになるハードとソフトの中間辺りに設定するとよいでしょう。アタックは、裏拍のピッキングのアタック感が少し出る1〜2msの辺りで調整します。リリースは、16ビートの裏拍の隙間が聴こえるように30〜35msくらいのタイミングで調整してください。スレッショルドはリダクション量が−4〜−5dBくらいになるように設定して、メイクアップ・ゲインは少し大きめに聴こえるように+5〜+6dBくらいにします。余韻部分をポンピングさせると、グルーブ感のあるフレーズになるでしょう。

収録フォルダ PART5_guitar　　エレキ編

102

リフ:ディストーション系

78 BPM

素材ファイル: 102_egriff_dist78_original.wav → 加工ファイル: 102_egriff_dist78_comp.wav

ニー	アタック	メイクアップ・ゲイン
8.1dB	653.9μs	11.0dB
レシオ	リリース	スレッショルド
17.6:1	21.1ms	−20.1dB

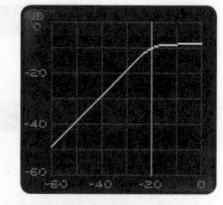

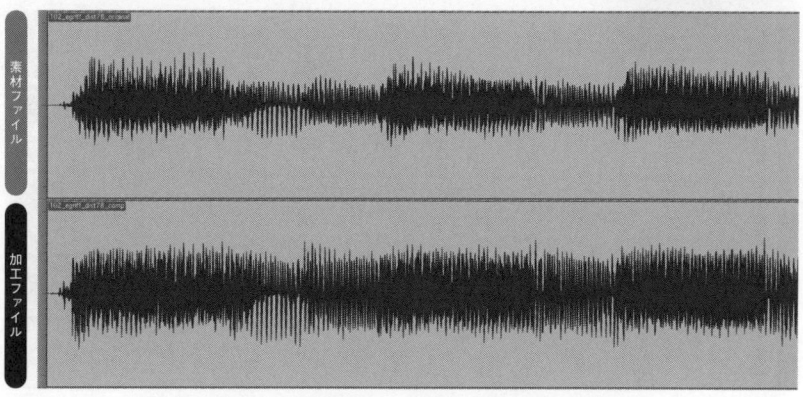

" **深いスレッショルドでコンプ感を強く出す** "

　ゆったりとしたディストーション系リフの歪み感と太さを強調してダイナミックなフレーズにしてみましょう。レシオは高めの16:1〜18:1くらい、ニーはアタック音を歪ませたいのでハード寄りにします。アタックはコンプ感を強く出したいので、早めの600〜700μsの範囲で設定してください。リリースは、リズムが少し後ノリに聴こえるように20ms前後で調整するとよいでしょう。スレッショルドは、コンプが持続してかかっているようにしたいので多めの−14dBほどリダクションするようにして、メイクアップ・ゲインはあまり大きく聴こえすぎない+11dB程度にとどめます。アタック音よりも余韻が持ち上がり、ギターが迫ってくる感じにするとよいでしょう。

収録フォルダ PART5_guitar　　　エレキ 編

103
リフ:ディストーション系 | 160 BPM

素材ファイル 103_egriff_dist160_original.wav ➡ 103_egriff_dist160_comp.wav 加工ファイル

ニー	アタック	メイクアップ・ゲイン
3.9dB	845.8μs	10.2dB
レシオ	リリース	スレッショルド
33.5：1	16.7ms	−18.9dB

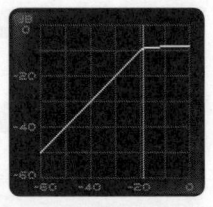

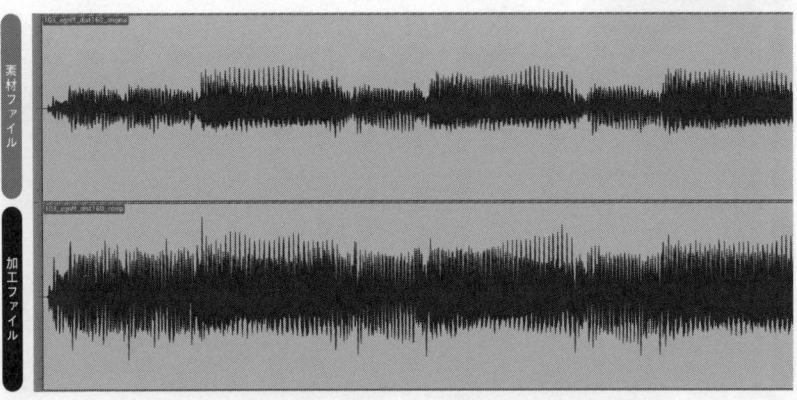

高レシオ&早めのアタックで粒立ちをそろえる

　ディストーション系サウンドのリフを、粒立ちの良いインパクトのある音色に仕立ててみます。レシオは高めの30：1〜35：1くらいにして、ニーは細かいフレーズを目立たせたいのでハードに設定します。アタックは、アタック感をそろえることをイメージしながら早めの800〜900μs辺りで調整してください。リリースは細かいフレーズのキレを良くしたいので早めの16〜17ms辺りにするとよいでしょう。スレッショルドは、強めにコンプをかけて歪み感を強調するために、−10dBほどリダクションするように設定して、メイクアップ・ゲインは＋10dBくらいにします。フレーズが歯切れよくなって、迫力も増すように各パラメーターを微調整してみてください。

収録フォルダ PART5_guitar　　　　　　　　　　　エレキ 編

104

ソロ:クランチ系

素材ファイル　104_egsolo_cr_original.wav　→　104_egsolo_cr_comp.wav　加工ファイル

ニー	アタック	メイクアップ・ゲイン
16.9dB	102.6μs	10.2dB
レシオ	リリース	スレッショルド
37.6:1	827.0ms	−14.4dB

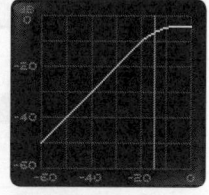

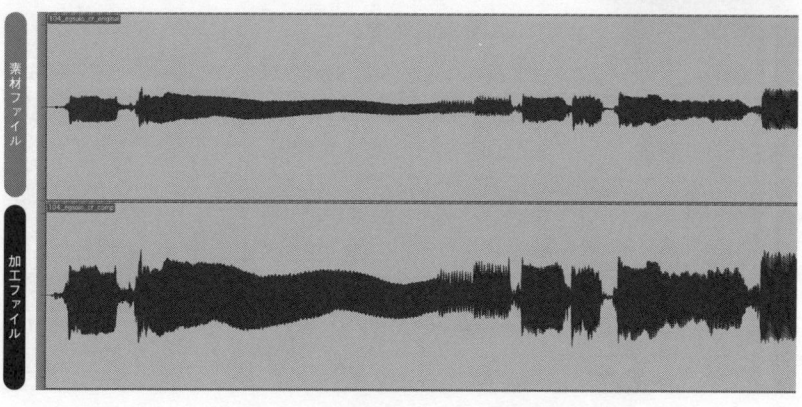

> **リリースでタメを効かせて味のあるソロに**

クランチ系サウンドのソロ・フレーズが素材です。これに"粘り"と"味"を付加する加工を行ってみましょう。レシオは高めの35:1～40:1くらいに設定して、ニーはアタック感を太めに出したいのでややソフト寄りにします。アタックは、太く粒立ちのよいフレーズにするために早めの100μs前後で調整します。リリースは、タメを効かせゆったりとしたリズム感にしたいので遅めの830ms前後で調整してください。スレッショルドは、強く弾いたところで−5dBほどリダクションするように設定して、メイクアップ・ゲインはフレーズを大きめに聴きたいので＋10dBくらいにします。コンプが強くかかった独特の音色でフレーズのニュアンスに良い味が加わると思います。

収録フォルダ PART5_guitar

105

エレキ 編

ソロ:ディストーション系

素材ファイル 105_egsolo_dist_original.wav → 加工ファイル 105_egsolo_dist_comp.wav

ニー	アタック	メイクアップ・ゲイン
4.5dB	16.7ms	9.2dB
レシオ	リリース	スレッショルド
4.0:1	72.4ms	−24.0dB

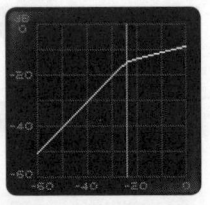

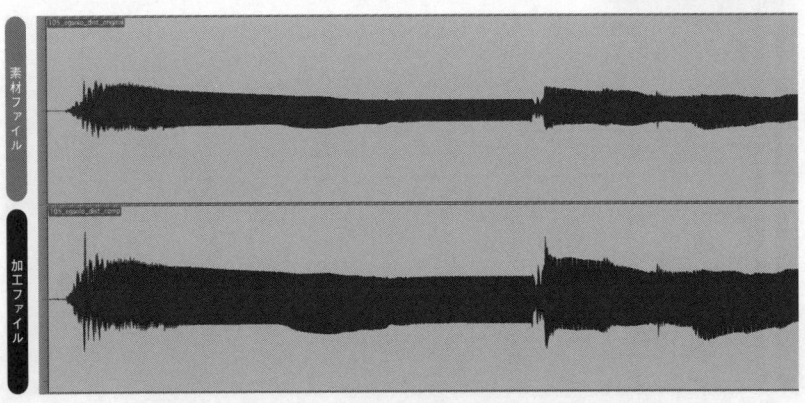

" 余韻部分でコンプを引っかけて奥行き感を演出 "

　ディストーション系音色の歪み成分を目立たせて、奥行き感のあるソロに仕立ててみます。レシオは4:1、ニーはアタック部分の歪み感を増やしたいのでハード寄りの設定にします。アタックは、アタック音が程よく強調されて、なおかつ余韻部分でうまくコンプが引っかかるように、16〜17msの辺りで調整してみてください。リリースは中音域がきれいに伸びるようなタイミングに設定します。大体、75ms前後がよいでしょう。スレッショルドは、強く弾いたところで−6dBくらいのリダクション量になるよう設定して、メイクアップ・ゲインはフレーズを大きめに聴きたいので+9dBくらいにします。余韻の中域部分の歪み感が伸びるようにすれば、奥行き感も出ると思います。

収録フォルダ PART5_guitar　　　　　　　　　　　　　　　　エレキ 編

106
アルペジオ:クリーン系 | 80 BPM

素材ファイル 106_egarp_cl80_original.wav → 106_egarp_cl80_comp.wav 加工ファイル

ニー	アタック	メイクアップ・ゲイン
17.7dB	8.1ms	6.2dB
レシオ	リリース	スレッショルド
17.2:1	484.9ms	−18.0dB

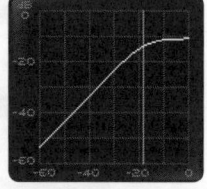

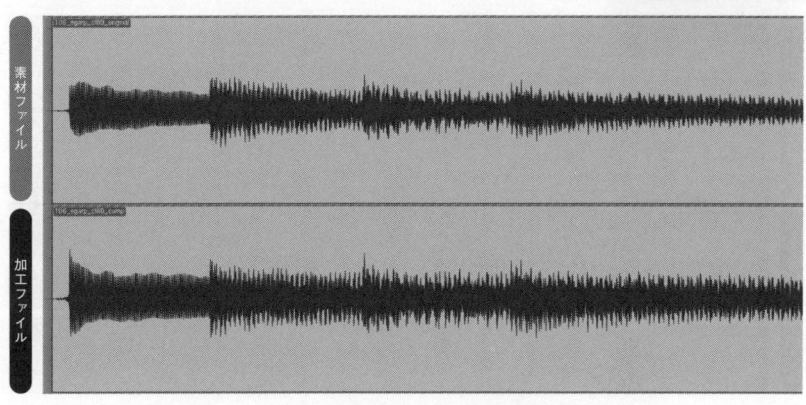

" スロー・リリースで流れるようなフレーズに "

　クリーン系アルペジオの粒立ちを良くして、流れるような感じのフレーズにしてみます。レシオは高めの18：1前後に設定して、ニーはピッキングの音を太くしたいのでややソフト寄りにしてください。アタックは、アタック感が十分に出る8ms前後のタイミングに設定するとよいでしょう。リリースは、フレーズがフワフワと流れるような感じを演出するために、長めの480〜490msで調整してください。スレッショルドは、強く弾いたところでリダクション量が−6dBくらいになるように設定して、メイクアップ・ゲインは＋6dBくらいにします。アタック音と余韻のボリューム感が同じくらいになり、フレーズが全体的につながって聴こえるようにするのがポイントです。

収録フォルダ PART5_guitar

エレキ編

107

アルペジオ:クリーン系

110 BPM

素材ファイル 107_egarp_cl110_original.wav → 107_egarp_cl110_comp.wav 加工ファイル

ニー	アタック	メイクアップ・ゲイン
7.2dB	2.6ms	6.8dB
レシオ	リリース	スレッショルド
3.0：1	1.1s	−20.4dB

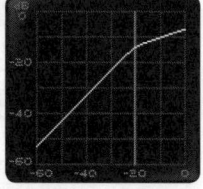

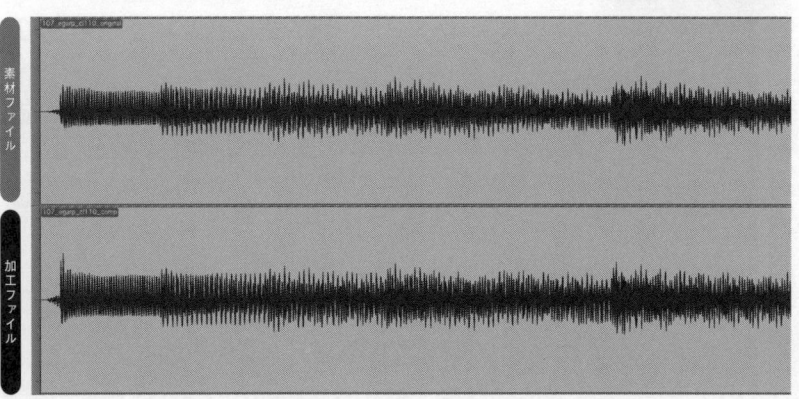

" リリースを遅くして奥行き感を生み出す "

　クリーン系アルペジオのフレーズを、太く奥行きのある音色にしてみます。レシオは3：1くらいに、ニーはギターのアタック音が角張って目立つようにハード寄りの設定にします。アタックは、アタック感が少しばらけて聴こえる方が雰囲気が出ると思われるので、2.6ms前後のタイミングがよいでしょう。リリースは、余韻が伸び気味になって倍音が目立つタイミングを探ります。遅めの1s前後で調整してください。スレッショルドは、リダクション量が−6dBくらいになるように設定して、メイクアップ・ゲインはリダクションした分を取り戻すくらいの＋6dB程度にします。余韻が伸びると中低音が豊かになり、きれいに倍音が出て、同時に奥行き感も生まれるでしょう。

収録フォルダ PART5_guitar　　エレキ編

108

アルペジオ:クランチ系 | 80 BPM

素材ファイル 108_egarp_cr80_original.wav → 加工ファイル 108_egarp_cr80_comp.wav

ニー	アタック	メイクアップ・ゲイン
11.7dB	14.3ms	6.8dB
レシオ	リリース	スレッショルド
9.9:1	18.4ms	−25.2dB

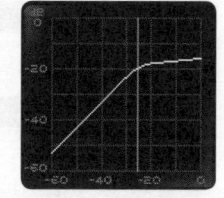

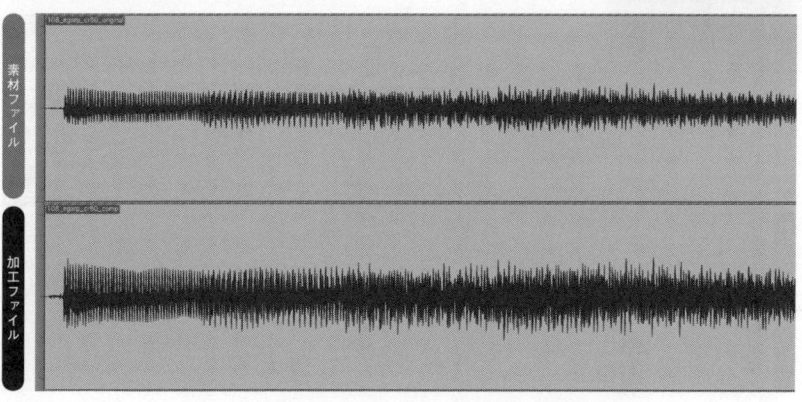

" リリースで余韻を伸ばして空気感を出す "

　クランチ系音色の歪み感を伸ばして、少しリバーブをかけたようなきれいな感じのサウンドにしてみましょう。レシオは高めの10：1、ニーは少しだけアタック音を角張らせたいのでややハード寄りにします。アタックは、歪みっぽいアタック感が十分出るように14〜15ms辺りに設定。リリースは余韻が次のフレーズに重なるようなタイミングを狙い、18〜19ms辺りで調整してください。スレッショルドは、余韻部分で−4〜−5dBくらいリダクションするように設定します。メイクアップ・ゲインは、フレーズを少し大きめにしたいので＋6〜＋7dBくらいまで上げるとよいでしょう。この設定では余韻の歪み感を伸ばして、空気感とリバーブ感を出すのがポイントです。

収録フォルダ PART5_guitar

エレキ編

109

アルペジオ:クランチ系

105 BPM

素材ファイル 109_egarp_cr105_original.wav → 109_egarp_cr105_comp.wav 加工ファイル

ニー	アタック	メイクアップ・ゲイン
13.9dB	2.9ms	6.8dB
レシオ	リリース	スレッショルド
8.1:1	21.1ms	−24.3dB

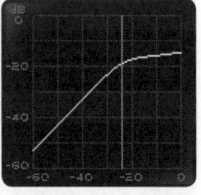

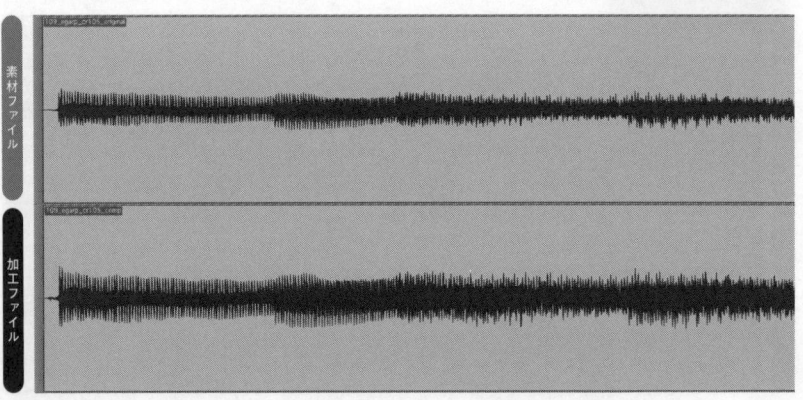

" アタック&リリースでトレモロ的な揺らぎ感を作る "

　クランチ系アルペジオのフレーズを生かして、"ゆらゆら"とした感じの不安定なニュアンスを出してみましょう。レシオは8:1くらい、ニーはアタック感を少しだけ歪みっぽくしたいのでソフトとハードの中間辺りに設定します。アタックは、アタック感がばらついて聴こえる3ms前後のタイミングがよいでしょう。リリースは、余韻が跳ね返って不安定な感じのフレーズに聴こえるように20ms前後で調整してください。スレッショルドは、強く弾いたところでリダクション量が−7dBくらいになるように設定し、メイクアップ・ゲインはリダクション分を取り戻すくらいの+7dBにします。トレモロが軽くかかったような揺らぎ具合をイメージしながら各値を調整してみてください。

収録フォルダ PART5_guitar　　　110　　　エレキ編

アルペジオ:ディストーション系 | 80 BPM

素材ファイル 110_egarp_dist80_original.wav ➡ 110_egarp_dist80_comp.wav 加工ファイル

ニー	アタック	メイクアップ・ゲイン
6.3dB	4.0ms	12.2dB
レシオ	リリース	スレッショルド
7.0:1	945.0ms	−23.1dB

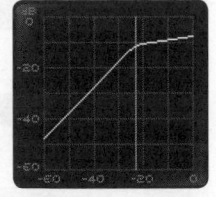

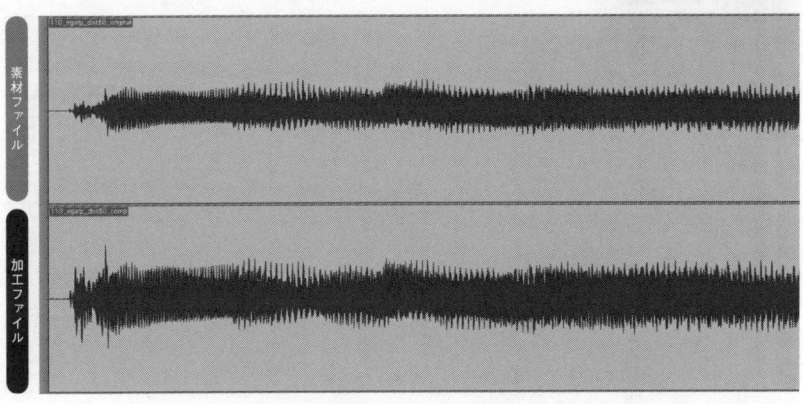

" 粒立ちをそろえて余韻を伸ばし滑らかな音色に "

　ゆっくりとしたディストーション系アルペジオなので、力強く滑らかな感じに加工してみましょう。レシオは7:1に、ニーはアタック音を太い感じで歪ませたいのでハード寄りの設定にします。アタックはフレーズの粒立ちが安定して聴こえる4ms前後に設定するとよいでしょう。リリースは、フレーズが持続して聴こえるように遅めの設定にします。900ms〜1sの範囲で調整してください。スレッショルドはコンプを強めにかけて余韻を伸ばしたいので、−10〜−12dBくらいリダクションするように設定します。メイクアップ・ゲインは＋12dBほどでよいでしょう。ギタリストが、ゆっくりと気持ち良くプレイしている感じをイメージしながら調整してみてください。

収録フォルダ PART5_guitar　111　エレキ編

アルペジオ:ディストーション系

110 BPM

素材ファイル 111_egarp_dist110_original.wav → 111_egarp_dist110_comp.wav 加工ファイル

ニー	アタック	メイクアップ・ゲイン
6.6dB	10.5ms	6.0dB
レシオ	リリース	スレッショルド
13.1:1	61.3ms	−19.5dB

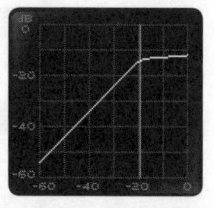

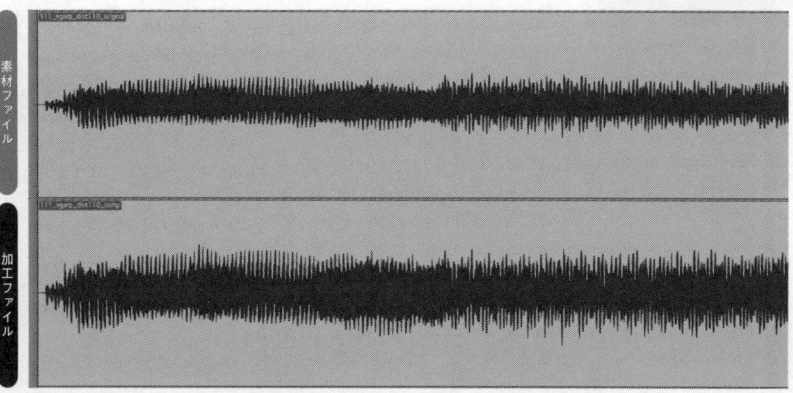

"アタック音の低音部分で後ノリ感を作る"

　ミディアム・テンポのディストーション系アルペジオで後ノリのグルーブを作ってみましょう。レシオは高めの12:1〜14:1の範囲で設定して、ニーはアタック感が強く出るようにハード寄りで調節します。アタックは、アタック部分の低音がコンプでつぶれすぎないようなタイミングを探します。大体、10〜12msの辺りがよいでしょう。リリースは、余韻を長めに聴かせてモタり感を出すために60ms前後のタイミングで調節するとよいと思います。スレッショルドは−6dBくらいのリダクション量に設定して、メイクアップ・ゲインは＋6dB程度にします。アタック音の低音部分を注意深く聴きながら後ノリのニュアンスを出すのが、パラメーター調節のコツです。

収録フォルダ PART5_guitar　　アコギ編

112

カッティング

66 BPM

素材ファイル: 112_ag_66_original.wav → 加工ファイル: 112_ag_66_comp.wav

ニー	アタック	メイクアップ・ゲイン
1.6dB	1.7ms	5.8dB
レシオ	リリース	スレッショルド
2.6:1	13.6ms	−16.2dB

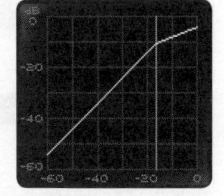

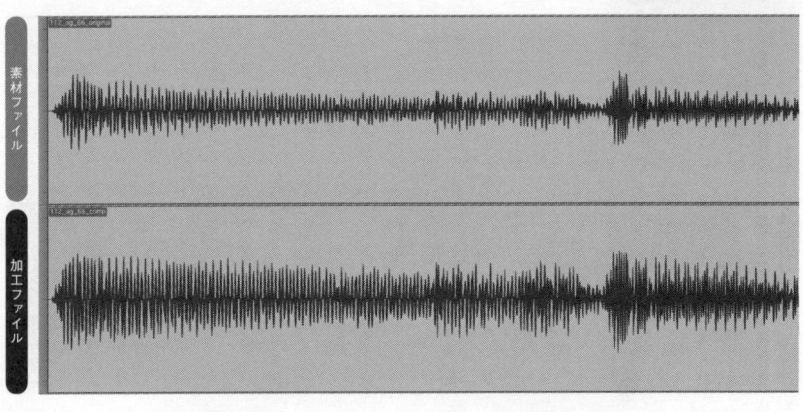

" 余韻部分を大きくしてボディの鳴りを強調 "

　遅めのテンポでストロークしているアコースティック・ギターが素材です。低域のボディ鳴りを目立たせて大きく聴こえるようにしてみましょう。レシオは低めの2:1〜3:1くらいで、ニーはリズム感を強く出したいのでハードな設定にします。アタックは弦の擦れる音が気持ちよく出る2ms前後のタイミングがよいでしょう。リリースは、低音部分がボワボワとなりすぎないタイミングを探り、13〜14ms前後で調整してください。スレッショルドはリダクション量が−5〜−6dBくらいに設定して、メイクアップ・ゲインも＋6dBくらいでよいでしょう。各パラメーターは、アタック音よりボディ鳴りの音の方が大きめに聴こえるように意識して調整してください。

収録フォルダ PART5_guitar

アコギ編

113

カッティング

105 BPM

素材ファイル 113_ag_105_original.wav → 113_ag_105_comp.wav 加工ファイル

ニー	アタック	メイクアップ・ゲイン
5.8dB	221.9μs	6.4dB
レシオ	リリース	スレッショルド
4.0：1	9.7ms	−13.8dB

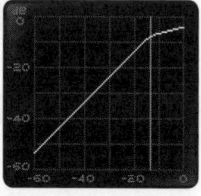

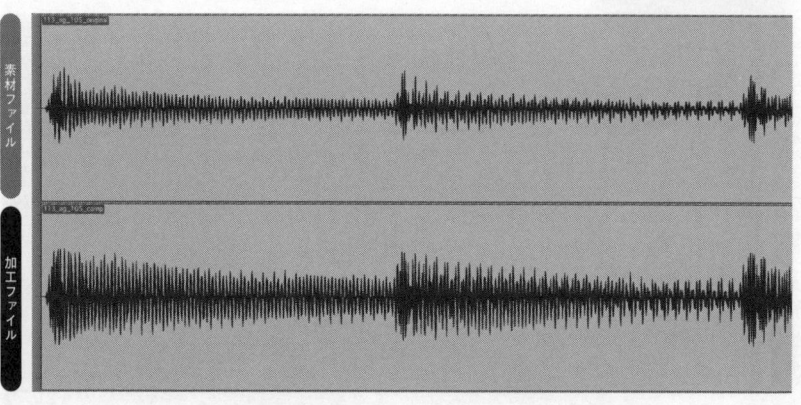

" アタックでジャリジャリとしたニュアンスを出す "

　ミディアム・テンポのアコギ・ストロークを荒々しいサウンドに加工してみます。レシオは低めの4：1に設定して、ニーは弦がビリビリ鳴る感じを出したいのでハード寄りの設定にします。アタックは、ピックが弦に当たる音が"ジャリ"とした感じに聴こえるように200〜300μsで調節してください。リリースは、余韻部分が跳ねる感じになるように早めのタイミングで設定します。大体、9〜10msの範囲で調整するとよいでしょう。スレッショルドは、リダクション量が−5〜−6dBくらいになるよう設定して、メイクアップ・ゲインは＋6dBくらいまで上げます。弦のジャリジャリ感がリズミックに強調されるように各値を調節すると、グルーブ感のあるフレーズになります。

収録フォルダ PART5_guitar　　　アコギ 編

114

カッティング

125 BPM

素材ファイル： 114_ag_125_original.wav → 114_ag_125_comp.wav ：加工ファイル

ニー	アタック	メイクアップ・ゲイン
0.0dB	590.0μs	5.2dB
レシオ	リリース	スレッショルド
6.3：1	24.1ms	−9.6dB

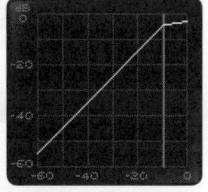

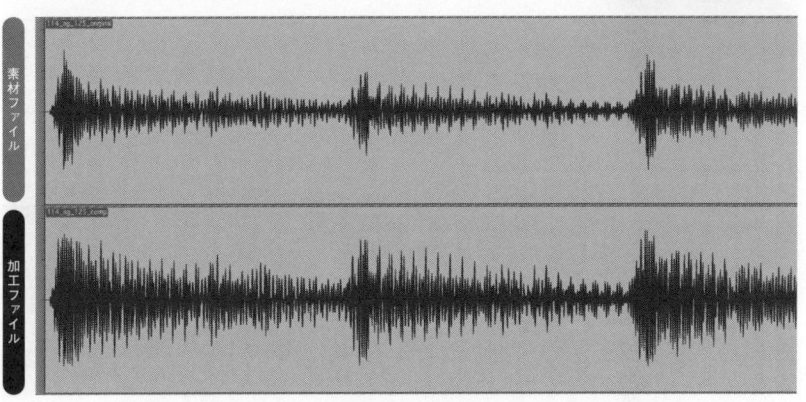

> **しっかりとアタック感を出して力強いプレイに**

　速めのアコギ・ストロークを、より力強く弾いている感じにしてみましょう。レシオは6：1～8：1の間くらいに設定して、ニーはピックが弦に当たる音をはっきりさせたいのでハードにします。アタックは空ピックの音がコンプに引っかからずきれいに飛び出すように500～600μsの範囲で調整しましょう。リリースは、8分音符のストロークがスクエアに聴こえるタイミングを探します。25ms前後がよいでしょう。スレッショルドはリダクション量が−5～−6dBくらいになるように設定して、メイクアップ・ゲインを＋6dB前後にします。ギタリストが強めにプレイしていることをイメージして、余韻よりもアタック音が大きめになるように各値を調整してみてください。

収録フォルダ PART5_guitar　　　　アコギ 編

115

アルペジオ

70 BPM

素材ファイル: 115_agarp_70_original.wav → 115_agarp_70_comp.wav :加工ファイル

ニー	アタック	メイクアップ・ゲイン
5.2dB	3.6ms	4.4dB
レシオ	リリース	スレッショルド
2.5:1	293.9ms	−15.0dB

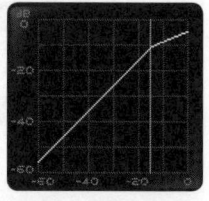

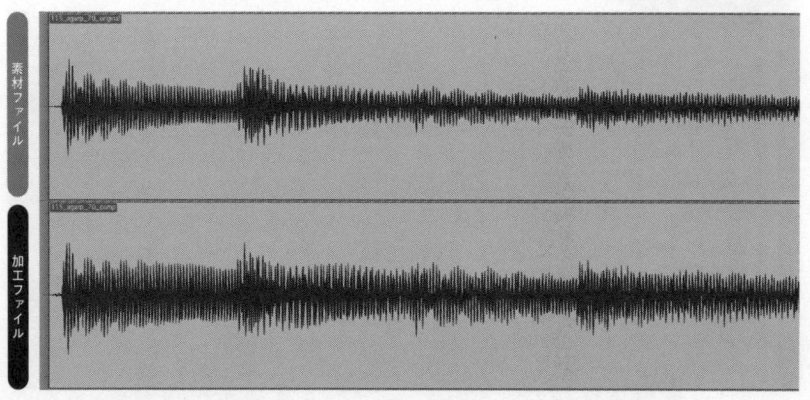

> **余韻の低音をリリースで伸ばしてゆったり感を演出**

　スロー・テンポのアルペジオなので、大きくゆったりとした雰囲気を出してみます。レシオは2:1～3:1、ニーはピックが弦に当たる音を少し強調するためにハード寄りの設定にします。アタックは、アタック音を十分に出して余韻の部分でコンプがかかるよう遅めにします。3～4msのタイミングがよいでしょう。リリースは、余韻の低音が豊かに伸びる雰囲気になる290～300msの範囲で設定してください。スレッショルドは、強く弾いた部分で−6dBくらいリダクションするように設定し、メイクアップ・ゲインはあまり大きくならなくてよいので＋4dBほどにします。アタック音と余韻の音量感を同じくらいにして、なおかつ余韻が伸びる感じにするとよいと思います。

収録フォルダ PART5_guitar　　116　　アコギ編

アルペジオ

105 BPM

素材ファイル 116_agarp_105_original.wav ➡ 116_agarp_105_comp.wav 加工ファイル

ニー	アタック	メイクアップ・ゲイン
11.1dB	6.6ms	5.0dB
レシオ	リリース	スレッショルド
15.7：1	11.6ms	−16.8dB

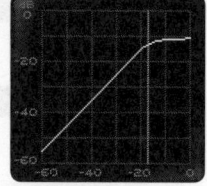

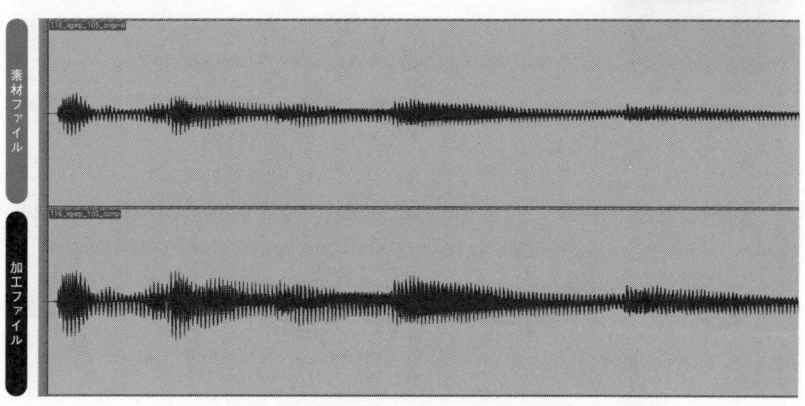

" ニーとアタックできらびやかな雰囲気を加える "

　明るい感じのアルペジオなので、きらびやかさと張りを出す加工を行ってみましょう。レシオは16：1前後に、ニーは高音弦がきらびやかに鳴る辺りで、ややハード寄りの設定にします。アタックは、高音弦にピックが当たる音を少し飛び出させるように6〜7msの辺りで調整しましょう。リリースは、低音部の鳴りが少なめで高音部のリズムが歯切れよく聴こえるタイミングに設定します。11〜12msくらいがよいでしょう。スレッショルドは、強く演奏している部分で−3dBほどリダクションするように設定して、メイクアップ・ゲインは大きめに聴きたいので＋5dBくらいまで上げます。低音部よりも高音部の方が大きめになることで、歯切れのよいリズムになるでしょう。

収録フォルダ PART5_guitar　　　アコギ 編

117
ソロ〜ブルース系

素材ファイル　117_agsolo_original.wav　→　117_agsolo_comp.wav　加工ファイル

ニー	アタック	メイクアップ・ゲイン
7.0dB	3.8ms	7.2dB
レシオ	リリース	スレッショルド
18.9:1	101.0ms	−15.0dB

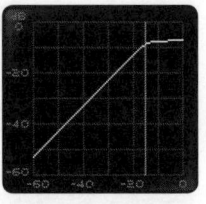

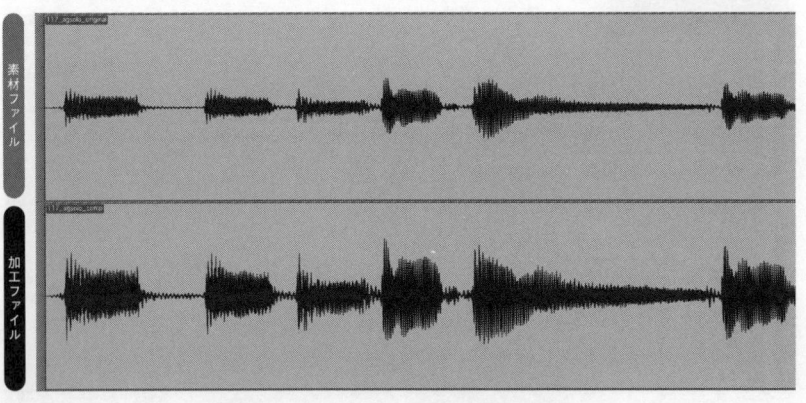

> **高レシオで豊かな響きを生み出す**

ブルース系のスロー・テンポなソロ・フレーズが素材です。この音色のアタック音を目立たせてより豊かな響きにしてみます。レシオは高めの18:1〜20:1で設定し、ニーはピッキングの音を目立たせるためハード寄りの設定にします。アタックは、強く弾いた部分だけが反応するように3〜4ms辺りで調整してください。リリースは、余韻を伸ばしてフレーズにタメを効かせることを狙って100ms前後で設定します。スレッショルドは、強く弾いたところのリダクション量が−7dBくらいになるように調整してみましょう。メイクアップ・ゲインは＋7dBくらいまで上げます。ギタリストが指先に力を込めているような感じをイメージしながら仕上げてみてください。

収録フォルダ PART5_guitar　　　　　　　　　アコギ 編

118
指弾き〜ボサノバ風

素材ファイル 118_ag_bosa_original.wav → 118_ag_bosa_comp.wav 加工ファイル

ニー	アタック	メイクアップ・ゲイン
5.2dB	7.3ms	5.4dB
レシオ	リリース	スレッショルド
2.9：1	9.8ms	−24.0dB

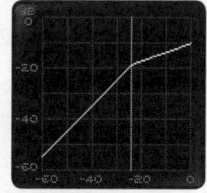

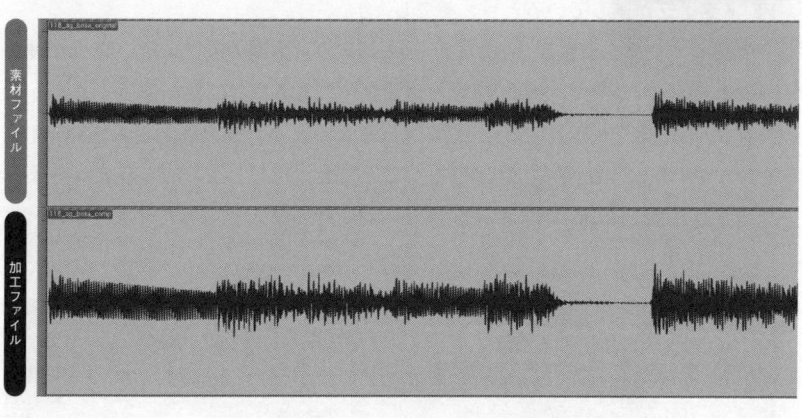

" ナイロン弦をつま弾く感じを強調 "

　ナイロン弦によるボサノバ風フレーズが素材です。指でつま弾く音が特徴なので、これを強調してパーカッシブな感じにしてみましょう。レシオは低めの3：1程度、ニーはつめが弦をはじく音を目立たせたいのでハード寄りの設定にします。アタックは細かいフレーズのアタック部分が少し飛び出るようなタイミングを探して7ms前後で調整してください。リリースは、弦をつま弾く音が歯切れよくなるように早めの10ms前後に設定するとよいでしょう。スレッショルドは、強く弾いた部分で−6dBほどリダクションするように設定して、メイクアップ・ゲインは＋6dBくらいにします。つま弾く音が近づくように設定すると、よりリアルな音像を感じられるようになるでしょう。

column
PEAKタイプとRMSタイプとは?

　プラグインのコンプの中には、PEAKタイプとRMSタイプを選べるものがあります。例えば、P143の設定例で使用しているNOMAD FACTORY E-3B Compressorも各バンドでPEAKタイプとRMSタイプを選択可能です。この2つは入力音のレベル検出方法の違いを示しています。

　PEAKタイプは、ピーク・メーターと同じく瞬間的な大音量も素早く検知します。そのため細かい音量変化にも素早く反応してゲイン・リダクションを行うことが可能です。例えば、クリップを防ぐためのリミッター的なかけ方をする場合はPEAKタイプが適していると言えるでしょう。

　RMSタイプは、音量変化をVUメーターのように人間の聴覚に近い感じで緩やかにとらえます。そのため、複雑な音量変化のある素材に逐一追従するようなコンプレッションやリミッティングには向きませんが、例えば2ミックスの音圧をアップするような用途には適していると言えるでしょう。特に自然な音量感を得たいときに向いています。

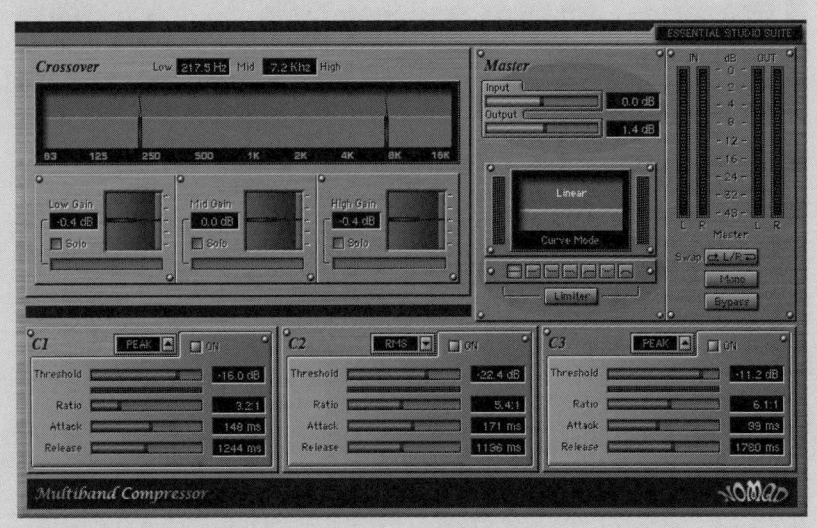

▲NOMAD FACTORY E-3B Compressorは、本書でマルチバンド・コンプの設定例に使用したプラグイン。各バンドでRMSとPEAKを選択できる

第6章
キーボード
KEYBOARD

鍵盤楽器は音域／ダイナミクス・レンジともに非常に広いため、しっかりとした音量コントロールと音色調整が必要となります。打ち込みメインの方は、ベロシティで音量や音質をコントロールすることも多いと思いますが、コンプをかけることにより、さらなるブラッシュアップが期待できるのです。本章では特にコンプによる効果が高いアコースティック・ピアノ系、RHODES系、FMエレピ系の3種類を打ち込み音源で用意し、バッキングとリフでの設定例を紹介しています。グルーブや演奏表現にも注意しながらトライしてみてください。

ピアノ編 198
RHODES編 201
FMエレピ編 205

収録フォルダ PART6_keyboard　　ピアノ編

119

バッキング〜スロー・テンポ

| 60 BPM

素材ファイル 119_piano60_original.wav ➡ 119_piano60_comp.wav 加工ファイル

ニー	アタック	メイクアップ・ゲイン
7.2dB	26.6ms	4.6dB
レシオ	リリース	スレッショルド
4.0：1	13.2ms	−21.0dB

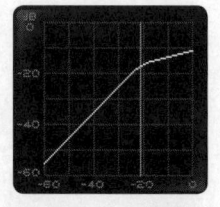

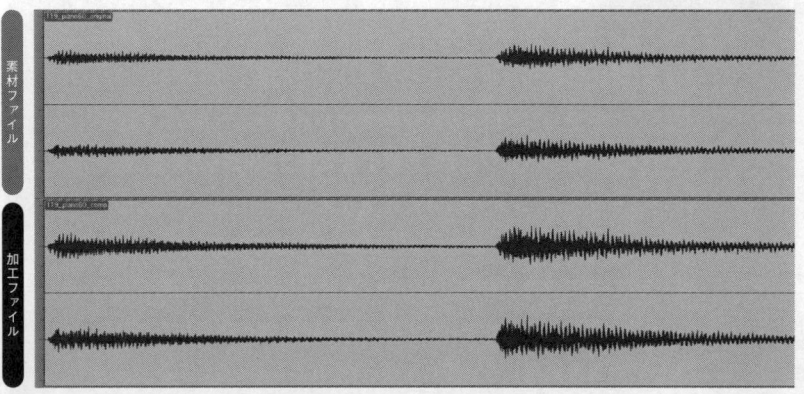

" 早めのリリースでリバーブ感を強調 "

　ピアノのゆっくりとしたバッキング・フレーズを、より響かせてゴージャス感を出してみましょう。レシオは4：1、ニーはピアノのリズム感をはっきりさせたいのでややハードにします。アタックはコードを弾くときのバラつき感が少し残る感じにしたいので遅めの設定で、26〜27ms辺りでよいでしょう。リリースは、ピアノのリバーブ感が跳ね上がって大きめに聴こえるように早めの14ms前後に設定してください。スレッショルドは強く弾いた部分でリダクション量が−2dBくらいになるように設定し、メイクアップ・ゲインは大きめに聴きたいので＋4dBくらいにします。ピアノの余韻とリバーブ感がワンテンポ遅れて聴こえてくるような感じに仕上げるのがコツです。

| 収録フォルダ | PART6_keyboard | | ピアノ 編 |

120 バッキング〜ミディアム・テンポ | 105 BPM

| 素材ファイル | 120_piano105_original.wav | ➡ | 120_piano105_comp.wav | 加工ファイル |

ニー	アタック	メイクアップ・ゲイン
0.0dB	3.1ms	5.4dB
レシオ	リリース	スレッショルド
13.7：1	19.7ms	−14.7dB

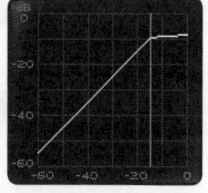

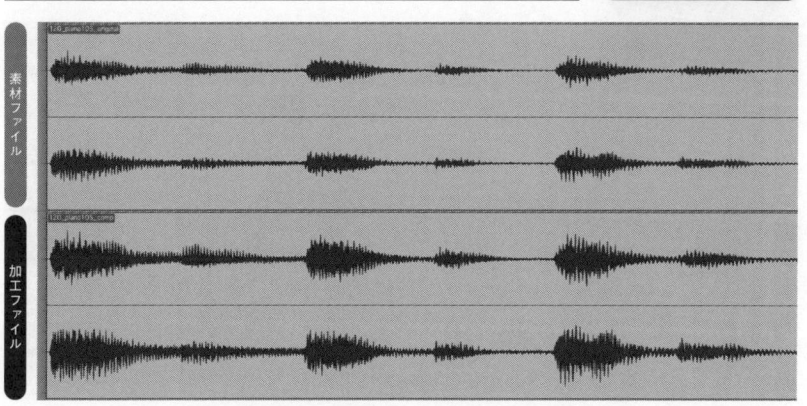

" アタックを強調して明るく歯切れの良いサウンドに "

　ミディアム・テンポのピアノ・バッキングの音色を明るめにしてライブ感を出してみます。レシオは12：1〜14：1の間くらいに設定して、ニーはリズムの感じを荒々しくしたいのでハードな設定にします。アタックは、アタック音の部分にはコンプがあまり引っかからず、余韻部分で引っかかるように3ms前後で調整してください。リリースは、ピアノのフレーズを歯切れ良く聴かせたいので早めの20ms前後辺りにします。スレッショルドは、リダクション量が−3〜−4dBくらいになるように設定し、メイクアップ・ゲインは少し大きめに聴きたいので＋5dB程度まで上げましょう。ピアニストが、小さめの部屋で力強く弾いている感じをイメージしてみるとよいでしょう。

収録フォルダ PART6_keyboard　　ピアノ 編

121
バッキング〜アップ・テンポ

125 BPM

素材ファイル: 121_piano125_original.wav → 加工ファイル: 121_piano125_comp.wav

ニー	アタック	メイクアップ・ゲイン
6.3dB	7.0ms	5.2dB
レシオ	リリース	スレッショルド
9.3：1	11.9ms	−19.5dB

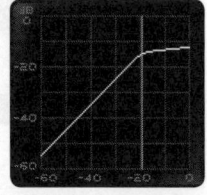

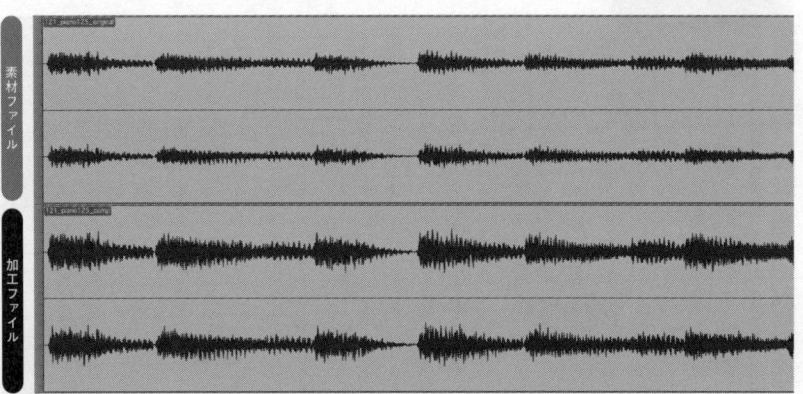

> " **高レシオでコンプ感のあるパキパキとした音色に加工** "

　速めのピアノ・バッキングを、コンプ感のあるサウンドでグルービーに仕上げてみましょう。レシオは少し高めの10：1くらいに設定します。ニーはアタック音を角張らせたいのでハード寄りの設定がよいでしょう。アタックは、左手のフレーズのアタック音が少し強調されるようなタイミングの7ms辺りがよいと思います。リリースは右手の細かいフレーズを歯切れ良く聴かせたいので、早めの12ms前後で調整してみてください。スレッショルドは、強く弾いたところで−4〜−5dBくらいリダクションするように設定するとよいでしょう。メイクアップ・ゲインは＋5dB程度にします。コンプ感のあるパキパキしたピアノ・サウンドに加工して、うまくノリを作ってみてください。

収録フォルダ PART6_keyboard

RHODES編

122 バッキング〜スロー・テンポ

70 BPM

素材ファイル: 122_rhodes70_original.wav → 加工ファイル: 122_rhodes70_comp.wav

ニー	アタック	メイクアップ・ゲイン
4.3dB	7.0ms	3.0dB
レシオ	リリース	スレッショルド
5.1:1	15.1ms	−19.2dB

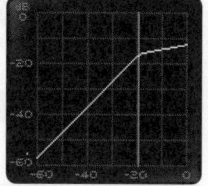

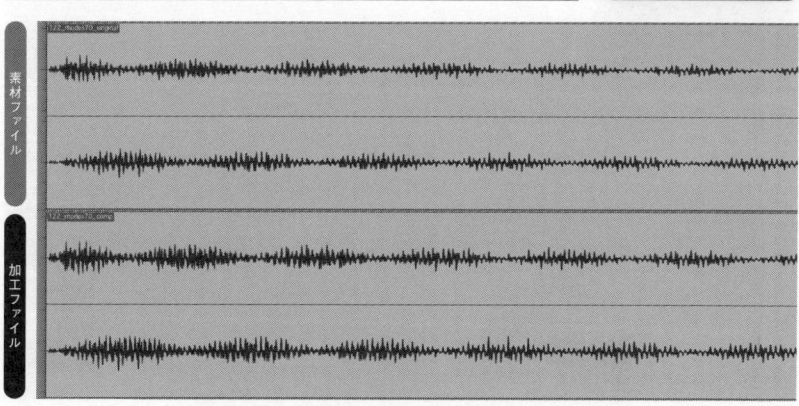

" トレモロ・サウンドをリリースで広げる "

　RHODES系エレピのゆったりとしたバッキングなので、トレモロの感じを生かして広がり感を出してみましょう。レシオは5：1に設定して、ニーは強く弾いた部分のアタック感を目立たせたいのでハード寄りの設定にします。アタックはフレーズのばらつき感を出すために少し遅めの7msくらいのタイミングがよいでしょう。リリースは、トレモロの広がり感が最もよく出るタイミングを探します。15ms前後で調整してみてください。スレッショルドは強く弾いたところでリダクション量が−3〜−4dBくらいになるように設定して、メイクアップ・ゲインは＋3dBくらいでよいでしょう。低音部分がトレモロできれいに広がるようにすれば、奥行き感も生み出せると思います。

バッキング〜ミディアム・テンポ | 105 BPM

素材ファイル: 123_rhodes105_original.wav → 加工ファイル: 123_rhodes105_comp.wav

ニー	アタック	メイクアップ・ゲイン
7.3dB	21.6ms	5.8dB
レシオ	リリース	スレッショルド
4.0:1	65.5ms	−19.2dB

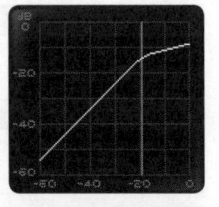

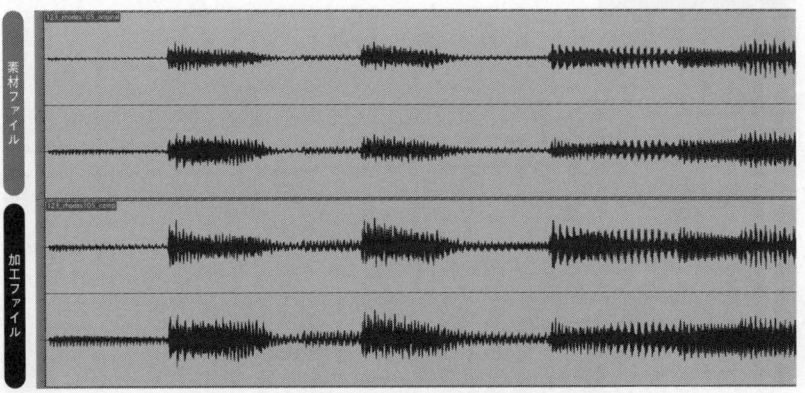

"リリースで低音を伸ばしてうねり感を作る"

強く弾いたRHODES系エレピのニュアンスを生かし、強めのコンプレッションでうねる感じを出してみましょう。レシオは4:1にして、ニーはアタック部分を少し歪み気味にしたいのでハード寄りの設定にします。アタックは、右手の強く弾くアタック部分が少し飛び出るように20ms前後のタイミングで調整してください。リリースは強く弾いた部分の余韻が伸びてうねるように60〜70ms辺りで設定するとよいでしょう。スレッショルドは、強く弾いたところのリダクション量が−6dBくらいになるように調整します。メイクアップ・ゲインは+6dBくらいでよいと思います。左手で弾いている低音部分の余韻を伸ばすことによって、うねるような感じを出せます。

収録フォルダ PART6_keyboard **RHODES編**

124
バッキング〜アップ・テンポ | 125 BPM

素材ファイル 124_rhodes125_original.wav ➡ 124_rhodes125_comp.wav 加工ファイル

ニー	アタック	メイクアップ・ゲイン
4.2dB	7.7ms	4.4dB
レシオ	リリース	スレッショルド
3.1:1	22.5ms	−22.2dB

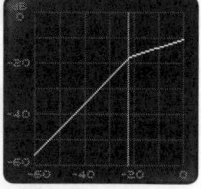

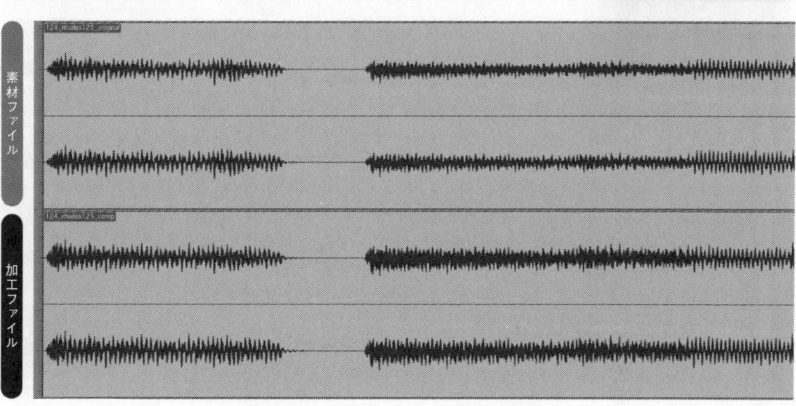

" 余韻を太くしてパワフルに "

　RHODES系エレピの速めのバッキングを太くパワフルな感じに仕上げてみます。レシオは低音がやせないように低めの3:1前後に設定し、ニーはアタック音を歪み気味にしてパンチを出したいのでハード寄りの設定にします。アタックは、左手のフレーズのアタック感が少し飛び出る感じの7〜8msくらいで調整しましょう。リリースは、右手のフレーズが太く聴こえるタイミングを狙います。20ms前後がよいと思います。スレッショルドは強く弾いたところで−6dBくらいリダクションするように設定しましょう。メイクアップ・ゲインは、あまり大きくならなくてもよいので+4dBくらいにします。アタック音より余韻の音が少し大きく聴こえるような感じにするとパンチ感が増します。

収録フォルダ PART6_keyboard　　　　RHODES編

125

リフ

素材ファイル 125_rhodes_riff_original.wav ➡ 125_rhodes_riff_comp.wav 加工ファイル

ニー	アタック	メイクアップ・ゲイン
2.2dB	40.1ms	4.8dB
レシオ	リリース	スレッショルド
5.5:1	25.7ms	-25.2dB

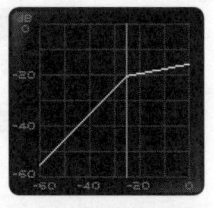

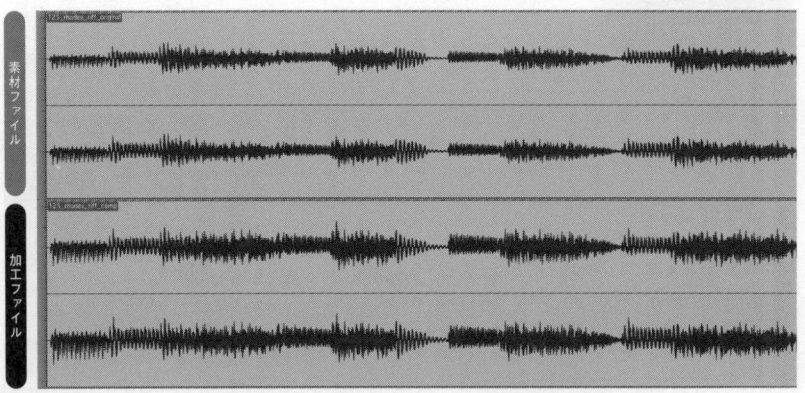

> **スローなアタックでスイング感を出す**

　RHODES系エレピ音色のリフを気持ちよくスイングさせる加工を行ってみます。レシオは5:1〜6:1くらい、ニーはアタック音を激しい感じで強調したいのでハードにします。アタックは、アタック部分よりも余韻部分でコンプが引っかかるように遅めに設定します。40ms前後で調整してみてください。リリースは細かいフレーズを歯切れ良く聴かせたいので25ms前後がよいでしょう。スレッショルドは強く弾くところでリダクション量が-6dBくらいになるように設定してください。メイクアップ・ゲインは少し低めの+5dBくらいにします。アタック音が大きめで余韻部分は小さめになるように調整すれば、アタック感が少しバラけた感じになりスイング感が出てきます。

収録フォルダ PART6_keyboard　　FMエレピ編

126
バッキング〜スロー・テンポ | 60 BPM

素材ファイル 126_fmep60_original.wav → 126_fmep60_comp.wav 加工ファイル

ニー	アタック	メイクアップ・ゲイン
12.1dB	1.0ms	3.6dB
レシオ	リリース	スレッショルド
21.7：1	45.4ms	−18.0dB

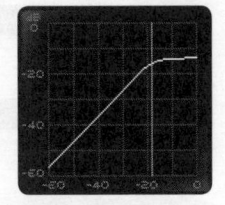

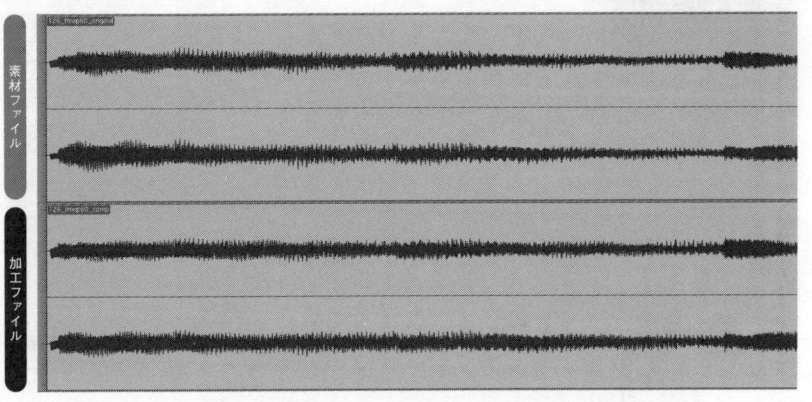

" 高レシオと深めのスレッショルドで奥行き感を出す "

　FM系エレピのスローなバッキングなので、ゆったりとした奥行き感を作ってみます。レシオは高めの20：1に設定して、ニーは中域の音色に奥行き感の出るややハードな設定にします。アタックは、フレーズのアタック感がそろうように1ms前後のタイミングで調整してください。リリースは、アタック音と余韻のボリューム感が同じくらいになるようなタイミングに設定します。45ms辺りがよいでしょう。スレッショルドは、強く弾くところで−8dBくらいリダクションするように設定してください。メイクアップ・ゲインは、あまり大きくならなくてもよいので＋3〜＋4dBくらいにします。左手で弾くフレーズの余韻が長めに聴こえるようにするのがポイントです。

収録フォルダ PART6_keyboard

FMエレピ 編

127

バッキング〜ミディアム・テンポ

105 BPM

素材ファイル 127_fmep105_original.wav → 127_fmep105_comp.wav 加工ファイル

ニー	アタック	メイクアップ・ゲイン
11.8dB	7.0ms	3.4dB
レシオ	リリース	スレッショルド
23.7:1	39.7ms	−16.2dB

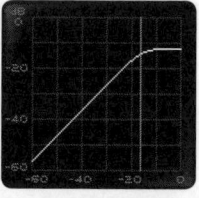

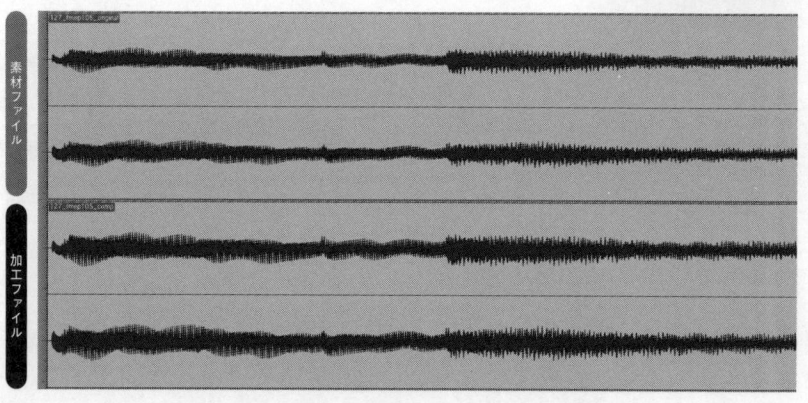

"アタックで粒をそろえてグルーブ感を演出"

FM系エレピ・バッキングのアタック音を目立たせて、リズミックなフレーズにしてみましょう。レシオは高めの20:1〜25:1くらいに設定します。ニーは中低音の音色に奥行き感が出るややハードな設定にしてください。アタックは、フレーズの粒がそろうようなタイミングに調整しましょう。大体、7msくらいのタイミングがよいと思います。リリースは、左手のフレーズの余韻が跳ね返る感じのタイミングを狙って40ms前後で調整してみてください。スレッショルドは、リダクション量が−3dB前後になるように設定して、メイクアップ・ゲインも＋3dBくらいにします。左手のフレーズでグルーブ感が出るよう各パラメーターを調節していくのがポイントです。

収録フォルダ PART6_keyboard　　　　　　　　　　FMエレピ編

128
バッキング〜アップ・テンポ　| 130 BPM

素材ファイル　128_fmep130_original.wav　→　128_fmep130_comp.wav　加工ファイル

ニー	アタック	メイクアップ・ゲイン
2.4dB	4.9ms	4.0dB
レシオ	リリース	スレッショルド
3.9:1	15.1ms	−21.3dB

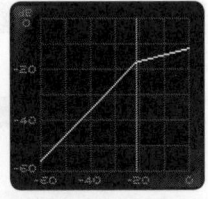

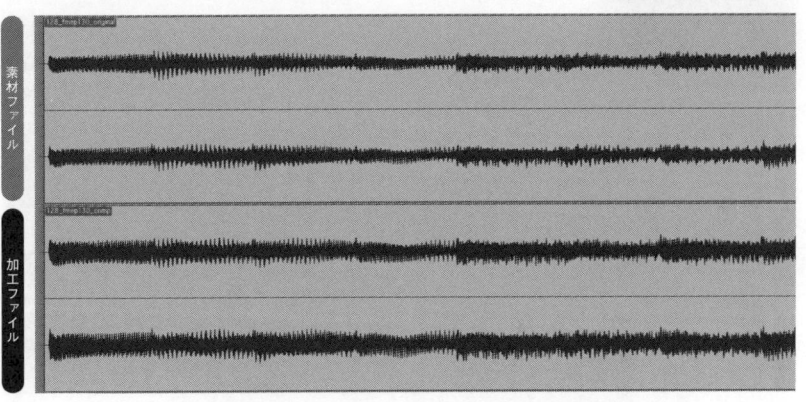

> **コンプ独特のコツコツ音で浮遊感を出す**

　アップ・テンポのFM系エレピ・フレーズに、コンプ独特のコツコツとした音色を加えて浮遊感を出してみましょう。レシオは4:1前後に設定して、ニーはアタック音に角張ったコンプ感を出したいので、ハードな設定にします。アタックは、アタック部分の"カチッ"という音が少し強調されるように5ms辺りに設定してください。リリースは、右手のフレーズが歯切れ良く聴こえるように早めの15msくらいにするとよいでしょう。スレッショルドは−6dBくらいのリダクション量になるよう調整して、メイクアップ・ゲインは、あまり大きくならなくてよいので+4dBくらいにします。右手のコツコツ感と左手の浮遊感がうまく混ざるように設定してみてください。

収録フォルダ PART6_keyboard　　　FMエレピ 編

129

リフ

素材ファイル 129_fmep_riff_original.wav → 129_fmep_riff_comp.wav 加工ファイル

ニー	アタック	メイクアップ・ゲイン
18.0dB	287.1μs	4.4dB
レシオ	リリース	スレッショルド
17.2：1	5.0ms	−15.6dB

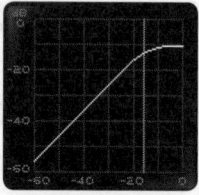

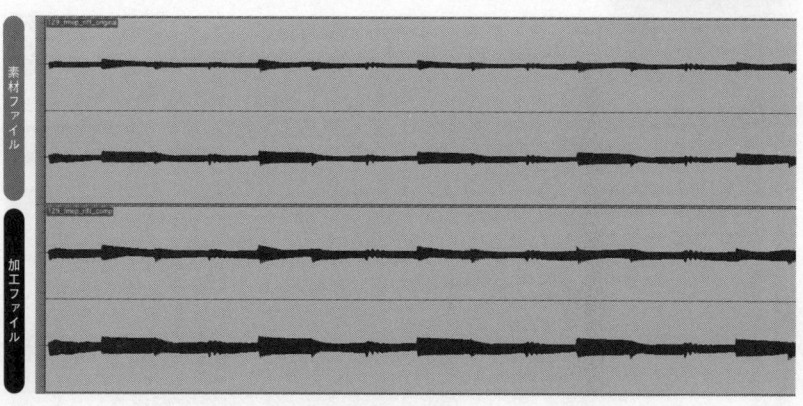

> **高めのレシオで低音を歪ませ太いサウンドに**

　FM系エレピのシーケンス的なリフを、太く存在感のあるサウンドにしてみます。レシオは高めの16：1～18：1くらいに設定してください。ニーはアタック音を太めにしたいのでややソフト寄りで調節するとよいでしょう。アタックは、アタック音の中域がつぶれないように、200～300μs辺りで設定します。リリースは、フレーズ全体を歯切れ良くするために最も早い設定から試してみるとよいでしょう。スレッショルドは強く演奏しているところでリダクション量が−3dBほどになるように設定し、メイクアップ・ゲインは少し大きめの感じで聴きたいので＋4dBくらいにします。低音部分のフレーズが歪みっぽく聴こえるくらいに調整すると太さが増してくると思います。

第7章
ボーカル
VOCAL

ボーカルは音量の上下が激しく、それが豊かな表現にもつながることが多いので、ミックスでも非常に難易度の高いパートです。特にオケとボーカルのバランスに苦労されている方も多いのではないでしょうか。本章ではそんな方々のためにバラード系、ポップス系、ロック系の3種類を用意して、ボーカル・コンプレッションの方法を解説していきます。ダブルを重ねたり、コーラスを加える場合のコンプ設定方法も解説していますので、こちらも併せて参考にしてみてください。もちろん、ディエッサーの設定についても紹介しています。

[DVD-ROM収録のオーディオ・ファイルに関して]
本章で使用するファイルは、3曲分のメイン・ボーカル/ダブル/コーラスを使用しています。これらはDAWなどへ同時に読み込んで試聴できるようにタイミングを合わせてあります。

- ●バラード：130 (P210) ＋ 133 (P213) ＋ 136 (P216)
- ●ポップス：131 (P211) ＋ 134 (P214) ＋ 137 (P217)
- ●ロック：132 (P212) ＋ 135 (P215) ＋ 138 (P218)

曲ごとに、ファイルの頭をそろえればタイミングが合います。そのため、ファイルの冒頭で無音が続く場合もあることをご了承ください。また複数ファイルを同時試聴するときは、あらかじめフェーダーを下げて再生し、お好みのフェーダー・バランスを作ってください。

メイン・ボーカル編 ……210
ダブル編 ……213
コーラス編 ……216
ディエッサー編 ……219

収録フォルダ PART7_vocal

メイン・ボーカル 編

130

バラード

素材ファイル: 130_vo_ballad_original.wav → 130_vo_ballad_comp.wav 加工ファイル

ニー	アタック	メイクアップ・ゲイン
6.1dB	2.6ms	3.0dB
レシオ	リリース	スレッショルド
12.2：1	127.6ms	−15.6dB

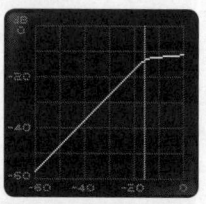

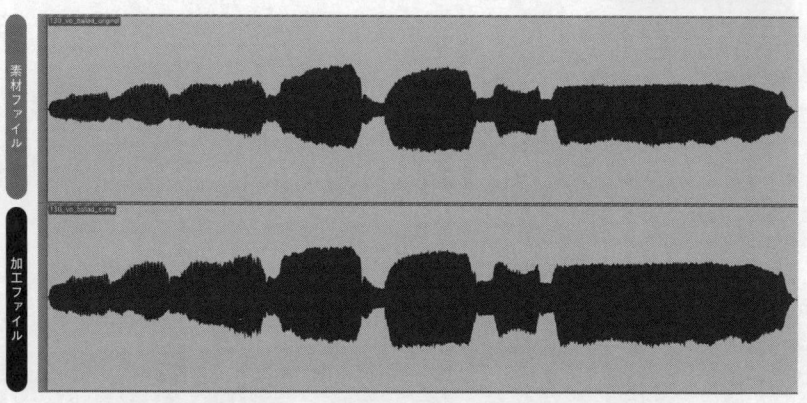

" アタックでナチュラル感、リリースで安定感を作る "

　ゆったり感のある女性ボーカルに自然な感じのコンプをかけて、太く安定した声にしてみます。レシオは12：1くらいに設定して、ニーは声に少しパンチ感を出したいのでハード寄りに設定するとよいでしょう。アタックは、ナチュラル感を出したいので遅めのタイミングに設定にします。2～3msくらいで調整してください。リリースは、安定感を出すために遅めの120～130ms辺りにするとよいでしょう。スレッショルドは、強く歌うところでリダクション量が−2～−3dBになるように設定します。メイクアップ・ゲインは＋3dBくらいでよいと思います。ブレスの音がタイミングよく大きく聴こえるように設定すれば、リアルで自然な感じのボーカルになるでしょう。

131

ポップス

素材ファイル: 131_vo_pop_original.wav → 加工ファイル: 131_vo_pop_comp.wav

ニー	アタック	メイクアップ・ゲイン
8.8dB	8.6ms	4.0dB
レシオ	リリース	スレッショルド
5.8：1	53.6ms	−19.5dB

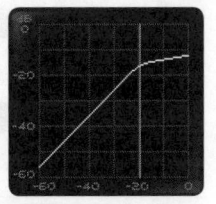

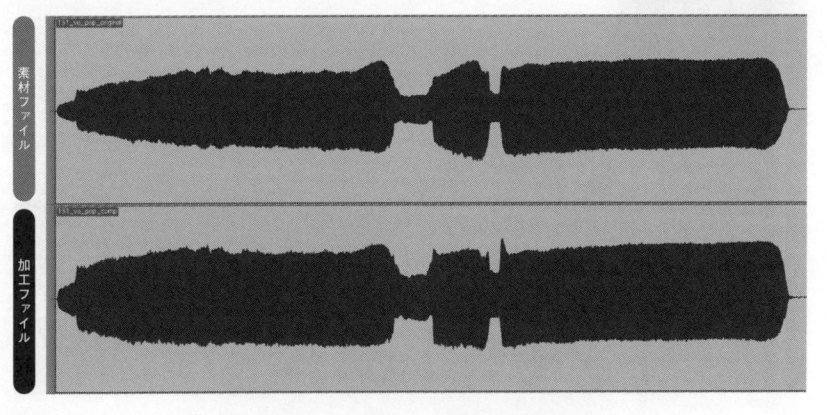

声の倍音を強調して奥行き感を出す

　ミディアム・テンポの女性ボーカルを素材に、声の倍音が大きく聴こえるように加工して、奥行きのある声質でゆったりと歌っている感じにしてみます。レシオは6：1前後、ニーは声にアタック感を少し出したいのでハード寄りにします。アタックは、声のアタック感が少し飛び出る感じの8〜9msの範囲で調整してみてください。リリースは、声の余韻が少し伸びて後ノリに感じるようなタイミング、大体50〜60ms辺りがよいでしょう。スレッショルドは−4〜−5dBくらいリダクションするように設定して、メイクアップ・ゲインは＋4dBくらいでよいと思います。声を伸ばしている部分の倍音がきれいに聴こえるようにコンプをかけることで、奥行き感も出せるでしょう。

収録フォルダ PART7_vocal　　　132　　　メイン・ボーカル 編

ロック

素材ファイル 132_vo_rock_original.wav ➡ 132_vo_rock_comp.wav 加工ファイル

ニー	アタック	メイクアップ・ゲイン
10.8dB	8.1ms	5.2dB
レシオ	リリース	スレッショルド
8.1：1	32.5ms	−19.5dB

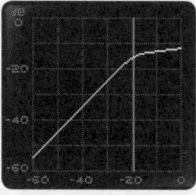

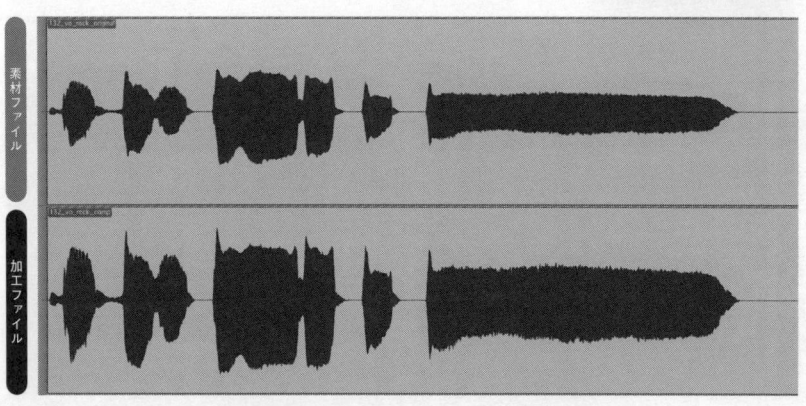

" スロー・アタックでパンチを効かせる "

　力強く歌う女性ボーカルのアタック感を強調して、よりパワフルかつリズミックな印象にしてみます。レシオは8：1くらいに設定して、ニーは太くパンチ感を出したいので少しハード寄りの設定にします。アタックは、細かいフレーズのアタック部分が少し飛び出して聴こえる8ms前後に設定しましょう。リリースは、声を歯切れ良く聴かせたいので、テンポに合うタイミングを探します。30〜35msくらいにするとよいと思います。スレッショルドは、強く歌うところでリダクション量が−6〜−8dBくらいになるように設定してください。メイクアップ・ゲインは音量が少し小さめでもよいので＋5dB程度にします。声が目の前に迫ってくるように仕上げるとよいでしょう。

収録フォルダ PART7_vocal　ダブル 編

133

バラード

素材ファイル 133_double_ballad_original.wav → 133_double_ballad_comp.wav 加工ファイル

ニー	アタック	メイクアップ・ゲイン
11.1dB	10.0ms	3.8dB
レシオ	リリース	スレッショルド
6.1：1	101.0ms	−23.4dB

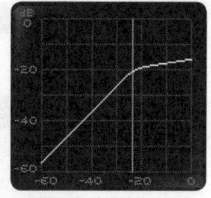

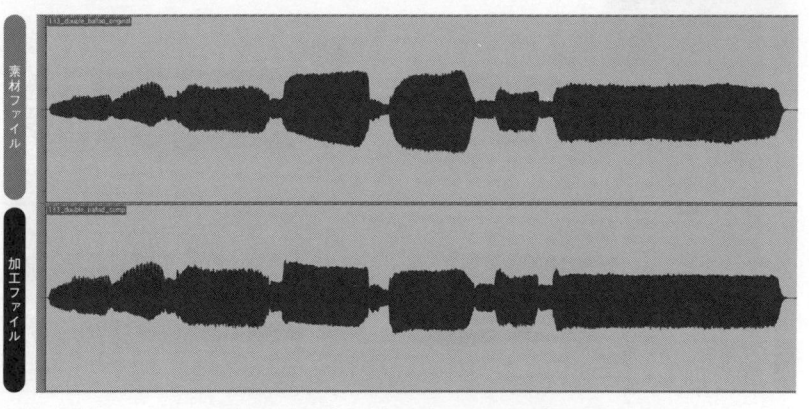

> **強めのコンプで淡々とした印象に**

　130のダブル用トラックが素材です。淡々とした感じを出してメイン・ボーカルを支える声にしてみます。レシオは6：1に設定して、ニーは、声に太さを少し出すためにハード寄りの設定にします。アタックは、声の余韻部分にコンプがうまくかかるように設定してください。10ms前後がよいと思います。リリースは、平たんな感じのニュアンスにしたいので遅めの100ms辺りで調整するとよいでしょう。スレッショルドは、強く歌ったところでリダクション量が−6〜−7dBくらいに設定して、メイクアップ・ゲインはあまり大きくする必要がないので＋4dBくらいにとどめます。フレーズ全体にコンプを強めにかけて、リズム感をあまり出さない感じにするのがコツです。

収録フォルダ PART7_vocal

ダブル編

134

ポップス

素材ファイル 134_double_pop_original.wav → 134_double_pop_comp.wav 加工ファイル

ニー	アタック	メイクアップ・ゲイン
12.3dB	5.4ms	3.8dB
レシオ	リリース	スレッショルド
7.2：1	31.4ms	−18.9dB

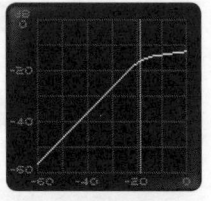

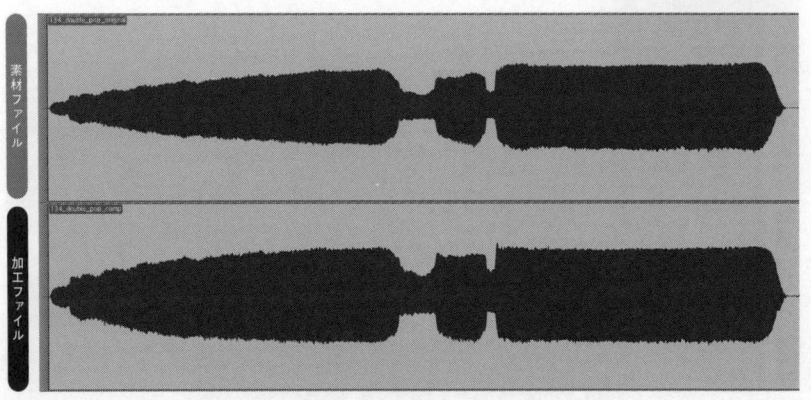

> ## リリースで安定感のあるリズムに加工

　131のダブル・トラック用ボーカルです。リズムのばらつきを無くして、安定感を出す加工を行ってみます。レシオは7：1～8：1くらい、ニーは声に少しざらざらとした感じを出したいので、少しハード寄りの設定にします。アタックは、声のアタック感を少しだけ出したいので5ms前後で調整してください。リリースは、リズムがスクエアな感じに聴こえるタイミングに設定します。30～35ms辺りで調節するとよいでしょう。スレッショルドはリダクション量が−4dBくらいになるように設定して、メイクアップ・ゲインも＋4dBくらいでよいと思います。アタック音と余韻のボリューム感を同じくらいにして、リズムに合ったコンプのかかり具合を目指すと安定感が増すでしょう。

収録フォルダ: PART7_vocal　　　　　　　　　　　　　　　　　ダブル 編

135

ロック

| 素材ファイル | 135_double_rock_original.wav | ➡ | 135_double_rock_comp.wav | 加工ファイル |

ニー	アタック	メイクアップ・ゲイン
5.5dB	2.2ms	6.0dB
レシオ	リリース	スレッショルド
5.0：1	240.6ms	−19.8dB

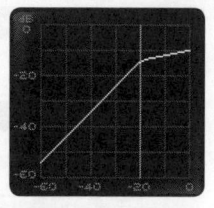

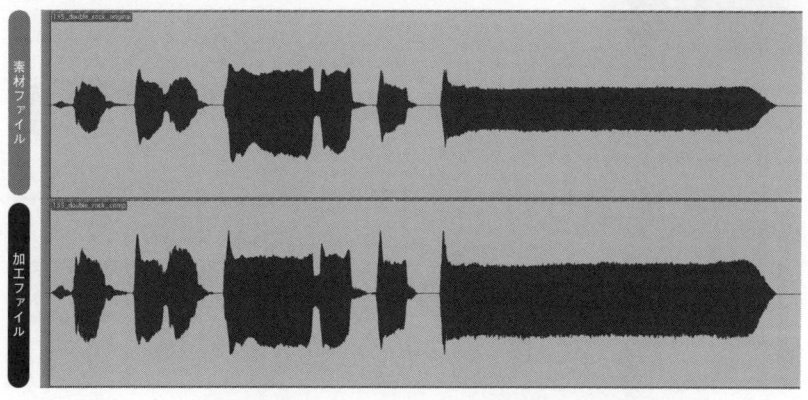

> **強めのコンプレッションで距離感を出す**

　132用のダブル・トラックです。コンプを強めにかけることで、メイン・ボーカルから少し離れて歌っているような感じにしてみます。レシオは5：1に設定して、ニーはコンプ感を強く出したいのでハード寄りの設定にします。アタックは声がつぶれすぎずに、なおかつアタック感が一定に聴こえるようなタイミングに設定してください。大体、2ms前後がよいと思います。リリースは余韻を伸ばして、あえてリズムがはっきりしない感じを出してみましょう。遅めの240msくらいで調整してみてください。スレッショルドは、強く歌う部分で−12dBくらいリダクションする深めの設定にし、メイクアップ・ゲインはあまり大きくする必要はないので＋6dBほどでよいでしょう。

収録フォルダ PART7_vocal

コーラス 編

136

バラード

素材ファイル: 136_cho_ballad_original.wav → 136_cho_ballad_comp.wav :加工ファイル

ニー	アタック	メイクアップ・ゲイン
6.1dB	3.2ms	5.4dB
レシオ	リリース	スレッショルド
15.3:1	27.5ms	−24.0dB

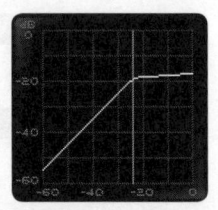

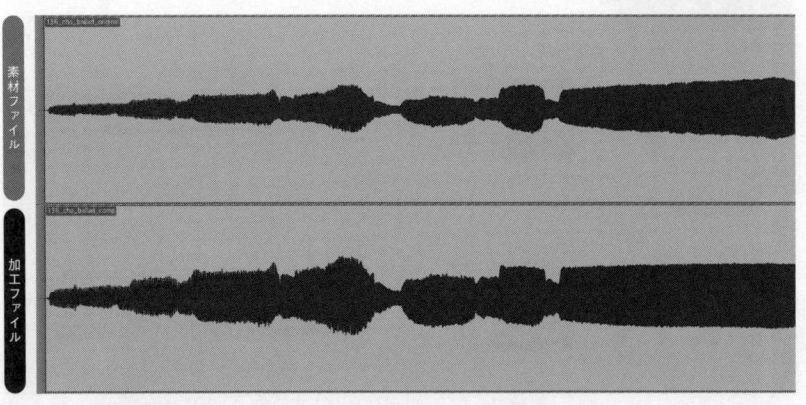

" 強めの声にだけコンプをかけて安定したコーラスに "

130用のコーラス・パートが素材です。メインとうまくなじむように自然な感じでコンプをかけて安定感を出してみましょう。レシオは高めの14:1〜16:1くらいに設定して、ニーは声に張りを持たせたいのでハード寄りにします。アタックは、強く歌う部分のアタック感を少し残す感じの3ms前後にします。リリースは、コンプ感が不自然にならないように25〜30ms辺りで調整しましょう。スレッショルドは、強く歌うところで−5dBほどリダクションするように設定してください。メイクアップ・ゲインはリダクションした分を取り戻す感じの+5dBくらいでよいでしょう。仕上がりとしては、強く歌っている部分にだけコンプが自然にかかるようになると思います。

収録フォルダ PART7_vocal　　コーラス編

137

ポップス

素材ファイル: 137_cho1_pop_original.wav/137_cho2_pop_original.wav
→
加工ファイル: 137_cho1_pop_comp.wav/137_cho2_pop_comp.wav

①137_cho1_pop_comp.wav

ニー	アタック	メイクアップ・ゲイン
16.2dB	937.5μs	4.6dB
レシオ	リリース	スレッショルド
17.2：1	396.9ms	−23.1dB

②137_cho2_pop_comp.wav

ニー	アタック	メイクアップ・ゲイン
10.3dB	5.1ms	4.4dB
レシオ	リリース	スレッショルド
4.5：1	178.2ms	−27.0dB

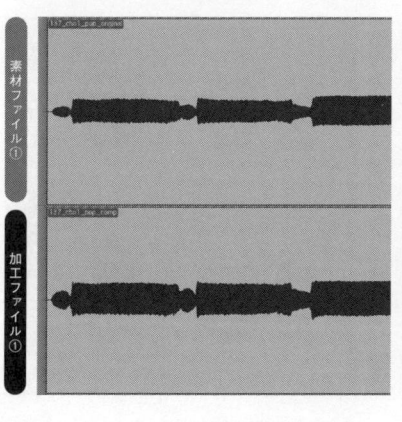

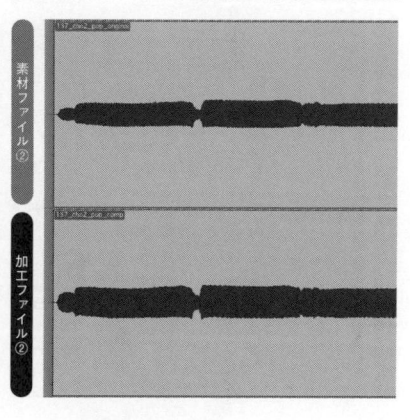

" 2本のコーラス・パートを安定させる "

131用のコーラスで、音域が異なる2本の素材それぞれにコンプをかけて、うまく混じるようにしてみます。高い音域のパート（①）はレシオが18：1で、ニーはハードとソフトの中間辺り、アタックは900μs〜1ms辺りで早めにつぶし、リリースを400msと遅めにすることでフレーズを安定させます。リダクション量は−5dBくらいにしてください。

低い音域のパート（②）のレシオは4：1〜5：1、ニーはややハードめで、アタックを5msくらいの遅めの設定にして自然な感じで倍音を強調します。リリースは170〜180msくらいで、リダクション量は−4〜−5dBくらいにするとよいでしょう。これでメイン・ボーカルも含めて3本のトラックがうまく混じるようになると思います。

収録フォルダ PART7_vocal

138

コーラス 編

ロック

素材ファイル: 138_cho1_rock_original.wav/ 138_cho2_rock_original.wav → 加工ファイル: 138_cho1_rock_comp.wav/ 138_cho2_rock_comp.wav

① 138_cho1_rock_comp.wav

ニー	アタック	メイクアップ・ゲイン
8.8dB	3.6ms	3.4dB
レシオ	リリース	スレッショルド
6.3:1	166.7ms	-17.1dB

② 138_cho2_rock_comp.wav

ニー	アタック	メイクアップ・ゲイン
19.9dB	2.8ms	3.2dB
レシオ	リリース	スレッショルド
4.9:1	108.0ms	-15.0dB

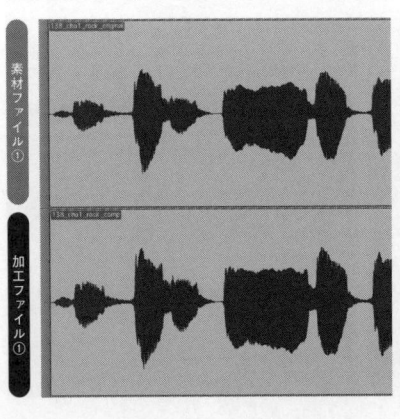

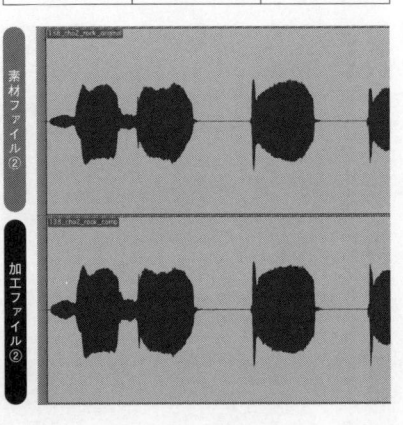

" 低域パートはメインを支え、高域パートは目立たせる "

132用のコーラスです。低い音域パートと高い音域パートの2本それぞれにコンプをかけてみましょう。低い音域パート(①)はレシオを6:1、ニーはややハード寄りにして、アタックは3〜4msで調整します。リリースは160〜170msと遅めにすることで荒々しい低音感を引き出し、メイン・ボーカルを支える感じにしてください。リダクション量は-4dB程度でよいでしょう。高い音域パート(②)はレシオ5:1前後、ニーはソフト寄りにして声を太めに強調し、アタックは3ms前後、リリースは110ms前後に設定することでフレーズを目立たせます。リダクション量は-3dBくらいです。メイン・ボーカルと2つのコーラス・パートが、音色的にぶつかり合わないように設定していくのがポイントです。

収録フォルダ PART7_vocal　　　　　　　　　　　　　　　ディエッサー 編

139

歯擦音を除去

素材ファイル 139_vo_deEsser_original.wav ➡ 139_vo_deEsser_deEssing.wav 加工ファイル

周波数	最大ゲイン・リダクション量
6.9kHz	−20.2dB

※ここでは AVID De-Esser のパラメーターを基にしているため、スレッショルドは入力音量で異なります。

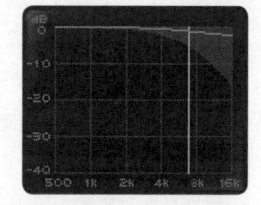

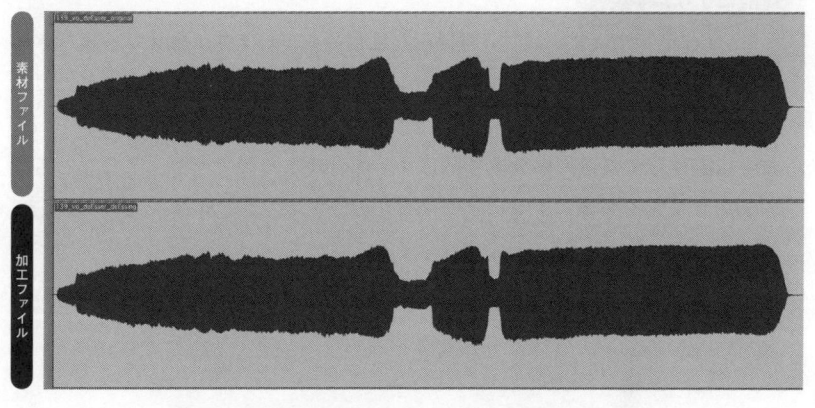

" 7kHz以上をコンプレッションして優しい声に "

　ミディアム・テンポの女性ボーカルにディエッサーをかけて、優しくゆったりと歌っている雰囲気にしてみます。ディエッサーのパラメーターは製品によって異なりますが、まず指定した周波数帯域より上の帯域だけにコンプがかかるように設定してください。また、周波数は7kHz以上くらいにするといいでしょう。強く歌っているところの声質が、柔らかく聴こえるように調整してください。また、最大リダクション量は−20dBくらいにします。スレッショルドのパラメーターが無い製品では、どれくらいリダクションされるかは入力音量によって異なりますが、強く歌っている部分で−2〜−3dBほどリダクションされるように調整すると、自然なかかり具合になるでしょう。

column
MSとは？

　MSとはもともとステレオ録音方式の一つで、通常のステレオ信号がL/Rの左右2chであるのに対し、MSではMidとSide、つまりセンター(Mid)と左右(Side)という2chで信号を取り扱います。L/R信号からMS信号を作ったり、またL/R信号へ戻すには専用のエンコーダー／デコーダーを使うか、自分でマトリクスを組むことが必要ですが、最近ではMS機能を内蔵したプラグインも増えてきました。P231などの設定例で使用しているELYSIA Alpha Compressorなどもその中の一つで、MSモードにするとセンターと左右に分けてコンプをかけることが可能になります。

　MSは近年、マスタリングで積極的に活用されています。例えば、奥行き感を調節したいときにはMid、つまりセンター定位のパートに対してEQしたりコンプをかけて加工していくのです。またマキシマイザーで音圧をアップすると、左右に広げた音が過剰に大きく聴こえる場合があるのですが、そんなときはSideの音量を控えめにすることによって、バランスよく音圧アップできます。皆さんもぜひMSでの音作りに挑戦してみてください。

▲P231/P232のMS複合編で使用したコンプ・プラグイン、ELYSIA Alpha Compressor。ボタン一つでMSモードに切り替えられる

第8章

2ミックス

2MIX

ミックスの最終段階にマスター・フェーダーへインサートするコンプのことをトータル・コンプと呼びますが、本章ではこのトータル・コンプからマスタリングにまで使える2ミックスへのコンプ設定例を紹介していきます。ポップス系、ロック系、クラブ・ミュージック系で、それぞれ2〜3種類の設定例を紹介しているほか、サイド・チェインやEQとの複合技、MS複合技、マルチバンド・コンプ、マキシマイザーなどの設定例も掲載。最終的にあなたの楽曲がどのように仕上がるのかは、この2ミックスへのコンプにかかっているのです。

ポップス編 222
ロック編 225
クラブ・ミュージック編 227
サイド・チェイン編 229
EQ複合編 230
MS複合編 231
マルチバンド・コンプ編 233
マキシマイザー編 236

収録フォルダ PART8_2mix　　ポップス 編

140A

ナチュラル系

素材ファイル 140_2mix_pop_original.wav → 140A_2mix_pop_n_comp.wav 加工ファイル

ニー	アタック	メイクアップ・ゲイン
13.0dB	7.0ms	1.6dB
レシオ	リリース	スレッショルド
4.2：1	32.5ms	−12.3dB

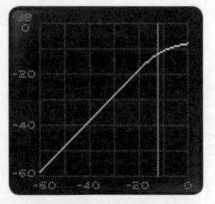

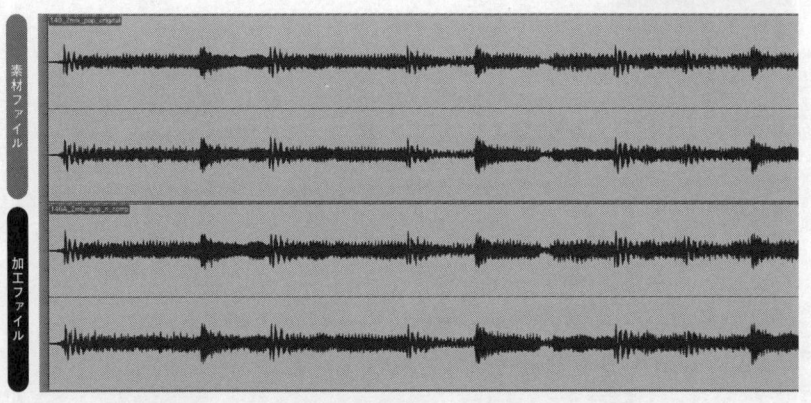

" **ボーカルとリズムに明るさを出すニー設定** "

　ポップス系楽曲の2ミックスを自然で明るい感じにしてみましょう。レシオはナチュラル感を出すため4：1前後に、ニーはボーカルとリズムに明るさを出すためややハード寄りにします。アタックは、キックのアタック音が少し飛び出る感じのタイミングを探して7ms前後で調整してください。リリースは、スネアのざらざらした音色がテンポにマッチする30〜35ms辺りのタイミングがよいでしょう。スレッショルドはリダクション量が−1〜−2dBくらいの少なめになるよう設定して、メイクアップ・ゲインも＋1〜＋2dBくらいにします。比較的、弱めのコンプですが音色はかなり変わります。ナチュラル感を保つようにアタックとリリースの値に注意して設定してください。

収録フォルダ PART8_2mix　　　140B　　　ポップス編

音圧アップ

素材ファイル 140_2mix_pop_original.wav → 140B_2mix_pop_up_comp.wav 加工ファイル

ニー	アタック	メイクアップ・ゲイン
10.2dB	15.1ms	4.0dB
レシオ	リリース	スレッショルド
3.8:1	161.2ms	−16.2dB

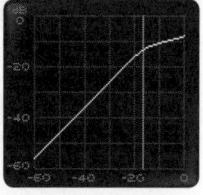

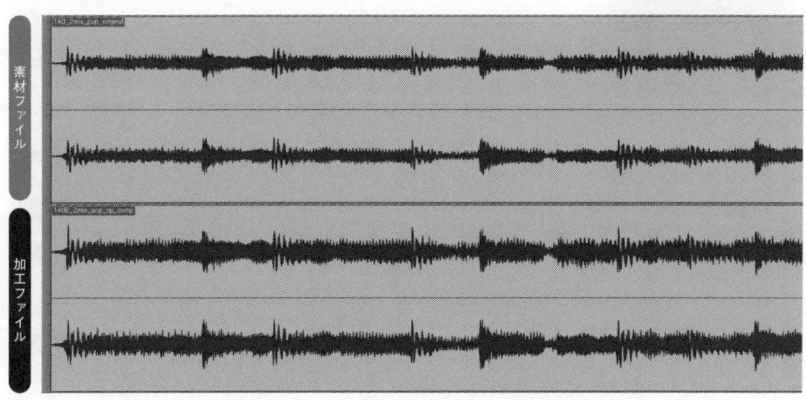

" 低音パートのパンチ感を出す "

　ポップス系楽曲の2ミックスの中で、キックとベースにパンチ感を付けて迫力を出してみましょう。レシオは4:1くらいに設定して、ニーはキックのアタック感が目立つ感じにしたいので、ややハードな設定にします。アタックは、キックの余韻部分でコンプがうまく引っかかるように15ms前後で設定してください。リリースは、キックとスネアの余韻が少し伸びて後ノリのビート感になるように160ms前後で調整します。スレッショルドは、キックのタイミングで−3dBほどリダクションするように設定してください。メイクアップ・ゲインは、少し大きめにしたいので＋4dBにします。低音部分の迫力が増して、全体的に音量が上がったような感じにするのがコツです。

収録フォルダ PART8_2mix　140C　ポップス編

リバーブ強調

素材ファイル 140_2mix_pop_original.wav → 加工ファイル 140C_2mix_pop_rev_comp.wav

ニー	アタック	メイクアップ・ゲイン
10.3dB	152.9ms	3.4dB
レシオ	リリース	スレッショルド
2.3：1	1.2s	−17.7dB

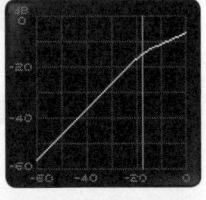

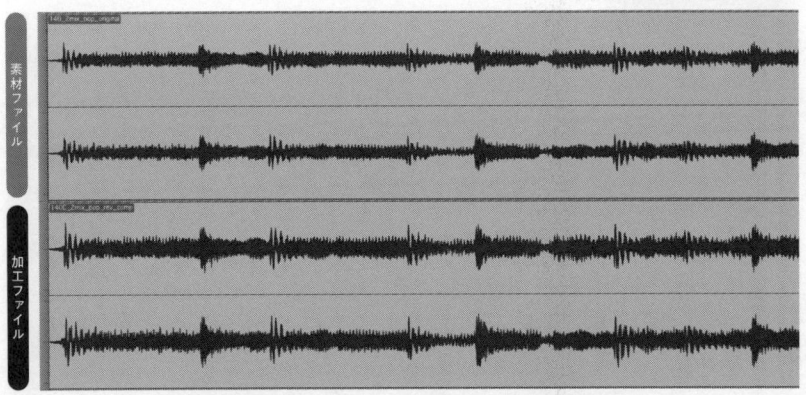

> **アタック&リリースでリバーブ感を強調**

　ポップス系2ミックスのリバーブ感を強調して広がり感を出してみます。レシオは低めの2：1〜3：1くらい、ニーはボーカルが小さくならないように少し角張らせたいので、ややハードな設定にします。アタックは、リズム楽器のアタック音にコンプが引っかからない遅いタイミング、150〜155msくらいがよいと思います。リリースは、レベルが小さいリバーブ音を大きくするため1.2sくらいで調整してみてください。スレッショルドは、リダクション量が−1dBくらいと浅めにして、メイクアップ・ゲインは大きく聴きたいので＋3dBくらいにします。リダクション・メーターはあまり反応しないと思いますが、アタックとリリースの調整具合で広がり感を出せるでしょう。

収録フォルダ PART8_2mix　　　ロック編

141A

ナチュラル系

素材ファイル: 141_2mix_rock_original.wav ➡ 加工ファイル: 141A_2mix_rock_n_comp.wav

ニー	アタック	メイクアップ・ゲイン
16.5dB	7.7ms	2.0dB
レシオ	リリース	スレッショルド
3.7：1	63.3ms	−8.1dB

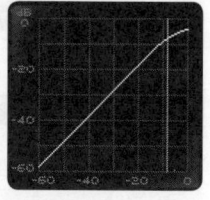

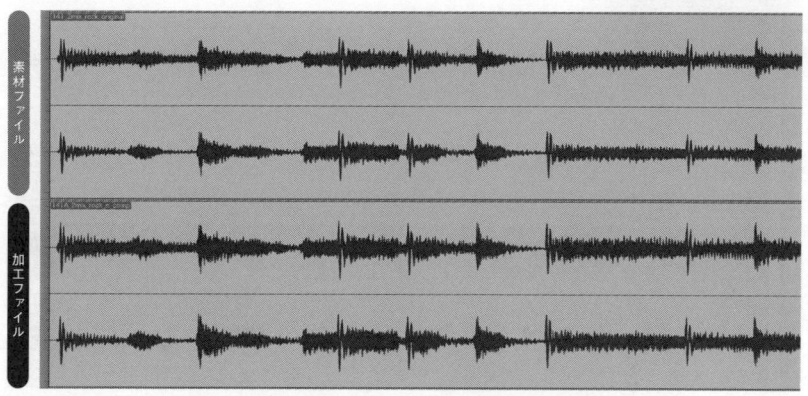

" ニーでボーカルに太さを加える "

　ロック系2ミックスのボーカルに張りを持たせて、自然な明るさを演出してみましょう。レシオは4：1くらいに設定して、ニーはボーカルに太さが出るようにハードとソフトの中間辺りから調整してください。アタックは、スネアのアタック感が飛び出すようなタイミングを探し、7〜8msの範囲で調節します。リリースは、キックのリズムが歯切れ良く聴こえるようなタイミングの60〜65msくらいがよいと思います。スレッショルドは、リダクション量が−2dBくらいになるように設定して、メイクアップ・ゲインは＋2dBくらいでよいでしょう。リダクション量は少なめの設定ですが、ニーとアタックの調整で音色が随分と変わるので、いろいろ試してみてください。

収録フォルダ PART8_2mix

ロック編

141B

音圧アップ

素材ファイル 141_2mix_rock_original.wav → 141B_2mix_rock_up_comp.wav 加工ファイル

ニー	アタック	メイクアップ・ゲイン
17.5dB	3.6ms	4.8dB
レシオ	リリース	スレッショルド
7.7:1	29.4ms	−11.7dB

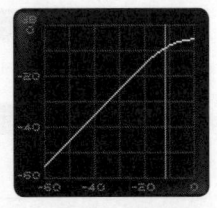

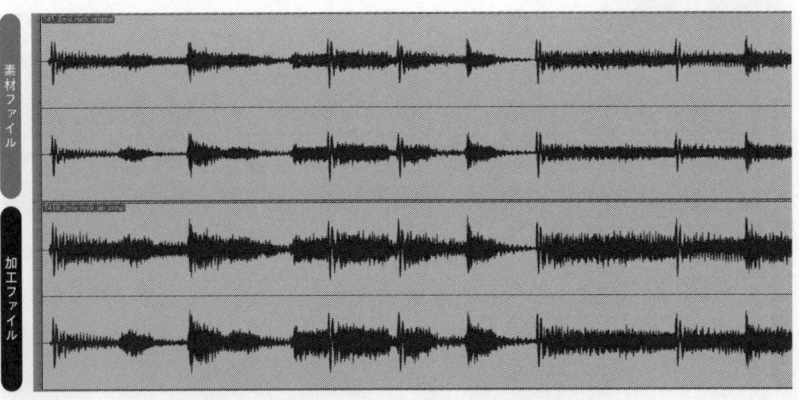

" **ボーカルとスネアにパンチ感を出す** "

　ロック系2ミックスのスネアとボーカルにパンチ感を与えて、全体的にボリューム感のあるサウンドに仕上げてみます。レシオは7:1〜8:1くらい、ニーはスネアとボーカルに太さを出したいのでややソフトな設定にします。アタックは、スネアのアタック部分の音色が"パチッ"としたコンプ独特の音色になるタイミングに設定します。3〜4ms辺りで調整してみてください。リリースは、キックの余韻が短めで歯切れが良くなるタイミングを探します。30ms前後がよいと思います。スレッショルドは−5dBほどリダクションするように設定して、メイクアップ・ゲインは＋5dBくらいにします。ニーの設定で音色がかなり変わるので、注意深く聴きながら調整してください。

収録フォルダ PART8_2mix　　クラブ・ミュージック 編

142A

ナチュラル系

素材ファイル 142_2mix_club_original.wav　→　加工ファイル 142A_2mix_club_n_comp.wav

ニー	アタック	メイクアップ・ゲイン
7.2dB	7.7ms	3.0dB
レシオ	リリース	スレッショルド
3.1：1	32.5ms	−15.0dB

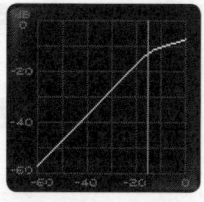

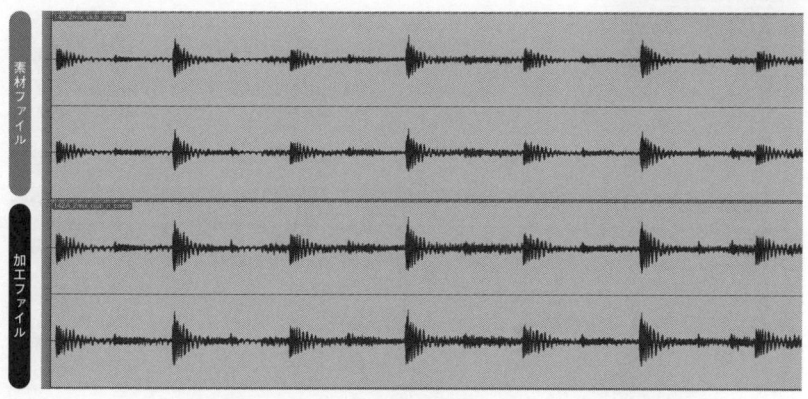

> ハイハットのアタック感を出してビート感を強調

クラブ・ミュージック系2ミックスのハイハットとスネアを明るくしてナチュラルにビート感を強調してみましょう。レシオは3：1くらい、ニーはスネアの音が明るくなるようにハード寄りの設定にします。アタックは、ハイハットのアタック部分が少し出るように7〜8msくらいで調整しましょう。リリースは、オープン・ハイハットが表拍のタイミングでうまく閉じる感じにします。30〜35ms辺りがよいでしょう。スレッショルドは−2dBくらいリダクションする設定にして、メイクアップ・ゲインは、少し大きめにしたいので＋3dBまで上げます。深めのリダクション量ではありませんが、ニーとアタックの値でビート感と音色が変わるため、微調整しながら音作りしてください。

収録フォルダ PART8_2mix   クラブ・ミュージック 編

142B

音圧アップ

素材ファイル 142_2mix_club_original.wav → 142B_2mix_club_up_comp.wav 加工ファイル

ニー	アタック	メイクアップ・ゲイン
3.6dB	12.9ms	4.4dB
レシオ	リリース	スレッショルド
51.9：1	13.2ms	－17.1dB

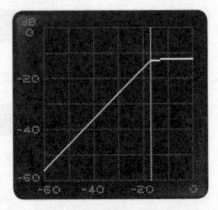

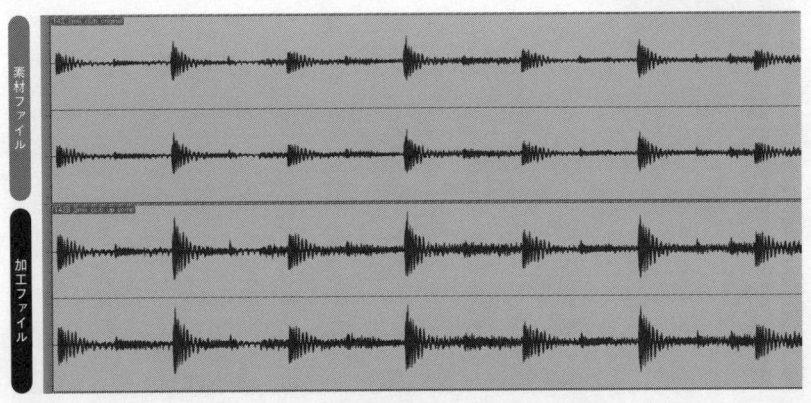

" 高レシオでキックにパンチを加える "

クラブ・ミュージック系2ミックスのキックにパンチを加えてボリューム感を出してみます。レシオはかなり高めの50：1前後に設定し、ニーはキックのアタック音を角張らせたいのでハードな設定にします。アタックは、キックの太いアタック音が十分に強調されるように13msくらいで調整してください。リリースは、キックの余韻が少し跳ね返るような感じの13ms辺りがよいでしょう。スレッショルドは－2dBほどリダクションするように設定して、メイクアップ・ゲインは大きめに聴きたいので＋4dBくらいにします。リダクション量は少ないのですが、レシオが高めなのでアタックとリリースで音色やボリューム感が変わります。いろいろ試してみると面白いでしょう。

収録フォルダ PART8_2mix サイド・チェイン編

143

ドラムのタイミングでベースをコンプレッション

素材ファイル：143_bass_original.wav/143_dr.wav → 143_bass_sidechain_comp.wav/143_2mix_sidechain_comp.wav　加工ファイル

ニー	アタック	メイクアップ・ゲイン
5.2dB	255.8μs	4.0dB
レシオ	リリース	スレッショルド
44.2：1	17.8ms	−16.8dB

	サイド・チェイン用フィルター	
	帯域①	帯域②
タイプ	バンドパス	ローパス
周波数	108.3Hz	64.6Hz

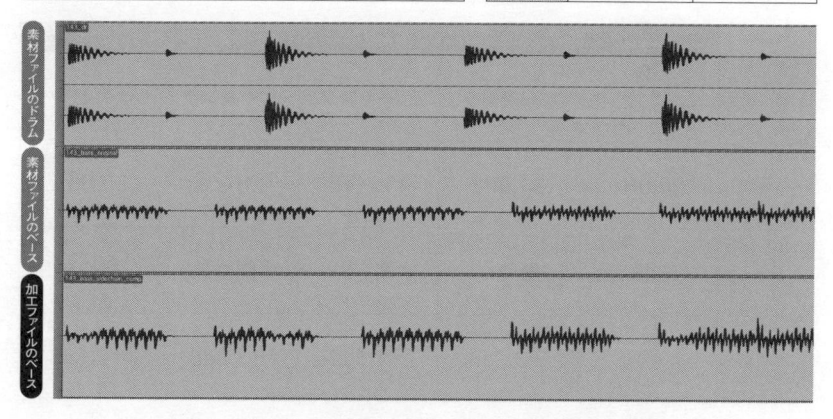

" ドラム・トラックでベースのコンプをトリガー "

　ベース・トラックにインサートしたコンプのサイド・チェインに、ドラム・トラックを入力し、キックのタイミングでベースにコンプがかかる設定を紹介します。キックの部分でベースの音量が圧縮され、キック以外の部分ではベースが持ち上がるので、キックを目立たせつつベースに独特のウネリ感を生み出せます。まずサイド・チェインのEQで高域を削りキックを強調、そしてコンプは早めに反応する強めの設定でビート感に合わせた調節を行います（詳細は上の表を参照）。なお、素材ファイルはそれぞれ0dBのフェーダー位置、サイド・チェインへのセンドも0dBで設定を行いました。また、加工ファイルはベース単体とベース＋ドラムの2種類を用意しています。

収録フォルダ PART8_2mix / EQ複合 編

144

質感を補正する

素材ファイル: 144_2mix_eq_original.wav → 144_2mix_eq_comp.wav :加工ファイル

ニー	アタック	メイクアップ・ゲイン
7.3dB	12.9ms	1.6dB

レシオ	リリース	スレッショルド
4.2:1	55.4ms	−11.4dB

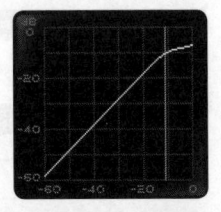

	低域①	低域②	中低域	中域	高域
タイプ	ハイパス・フィルター	ピーキング	ピーキング	ピーキング	シェルビング
周波数	20.0Hz	84.0Hz	435.9Hz	1.87kHz	2.71kHz
Q	−12dB/oct	緩やか	中間くらい	中間くらい	緩やか
ゲイン		+3.2dB	−1.6dB	−1.3dB	+2.6dB

" コンプの音質をEQで補正 "

ロック系2ミックスにEQをかけた上でさらにコンプをかけて、定位と奥行きがはっきりするようにしてみましょう。EQをコンプの前にインサートして併用する場合は、コンプを強くかけたい周波数帯域をブーストして、コンプをかけたときの音質が気になる周波数帯域をカットするのが基本です。ここでのコンプはリズムのアタックを目立たせて、余韻が伸びすぎずクリアに聴こえる設定にしています。そのため、EQではリズムを強調するため84Hzを+3.2dB、2.71kHz以上を+2.6dBブーストしました。一方、余韻を抑えてクリア感を出すために、20Hz以下を−12dB/octのフィルターでカットし、さらに436Hzを−1.6dB、1.87kHzを−1.3dBカットしています。

収録フォルダ: PART8_2mix　　　MS複合 編

145A

Sideを広げる

素材ファイル: 145_2mix_ms_original.wav → 加工ファイル: 145A_2mix_ms1_comp.wav

	スレッショルド	アタック	リリース	レシオ	メイクアップ・ゲイン
Mid	+8.9dB	57.4ms	110.9ms	2.1:1	2.0dB
Side	+6.4dB	13.5ms	822.0ms	2.1:1	2.1dB

※パラメーターはMSモードを搭載したELYSIA Alpha Compressor（プラグイン版）を基に作成しているため、他の設定例で使用しているAVID Compressor/Limiterとはスレッショルドなどのレンジが違います。

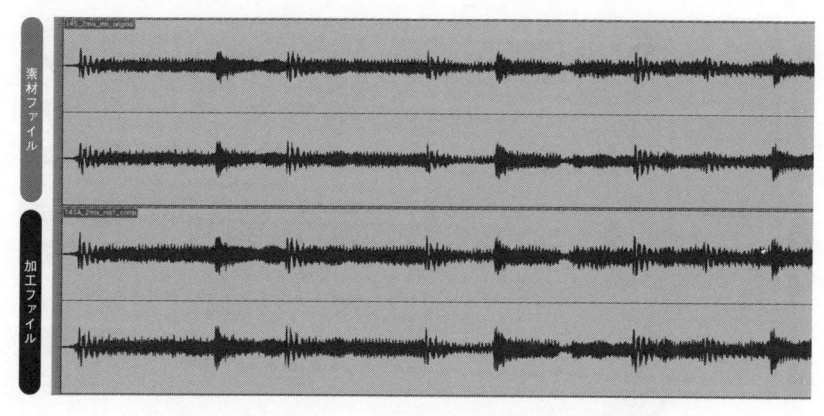

" Sideに強めのコンプをかけて広がり感を演出 "

　ポップス系2ミックスにMS機能を装備したコンプをかけて、気持ちよく広げてみます（MSについてはP220参照）。Mid側のコンプではセンター付近に定位しているパートを調整します。レシオは2:1、アタックは58ms、リリースは110ms、リダクション量は－1～－1.5dBくらいです。メイクアップ・ゲインは＋2dBほどでナチュラルにボリュームが上がる感じに設定します。次にSide側のコンプでは左右に広がる音を調整します。レシオは2:1、アタックは14ms、リリースは820ms、リダクション量は－3dBくらいで、メイクアップ・ゲインは＋2dBに設定。このSide側では強めのコンプをかけて余韻を伸ばし、リズムがゆったりとして広がる感じを出すとよいでしょう。

収録フォルダ PART8_2mix / MS複合 編

145B

Midを強調

素材ファイル: 145_2mix_ms_original.wav → 加工ファイル: 145B_2mix_ms2_comp.wav

	スレッショルド	アタック	リリース	レシオ	メイクアップ・ゲイン
Mid	+5.3dB	10.8ms	338.5ms	1.5:1	3.2dB
Side	+6.6dB	14.1ms	338.5ms	1.9:1	2.0dB

※パラメーターはMSモードを搭載したELYSIA Alpha Compressor（プラグイン版）を基に作成しているため、他の設定例で使用しているAVID Compressor/Limiterとはスレッショルドなどのレンジが違います。

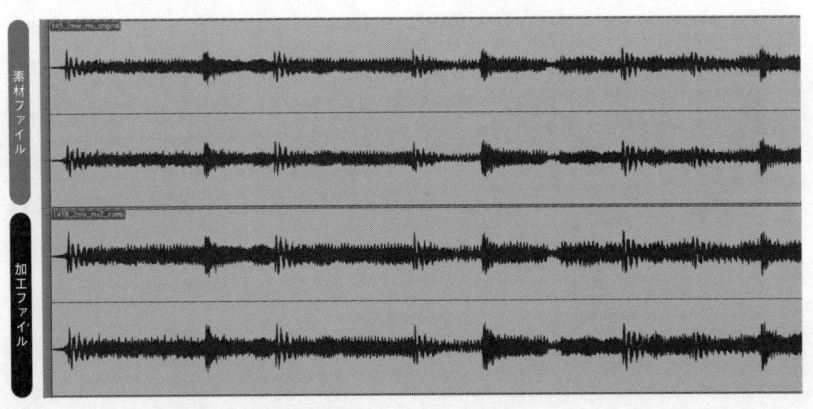

" Mid側を強調してパワフルなサウンドに "

ポップス系2ミックスにMS機能を装備したコンプをかけて、ボーカル／キック／スネアなどのセンター定位の音を目立たせ、パワフルな感じに加工してみます（MSについてはP220参照）。Mid側のコンプはレシオ1.5：1、アタック11ms、リリース338ms、リダクション量は－2dB～－3dBくらいで、メイクアップ・ゲインは＋3dBに設定し、強めのコンプでアタック感を出します。Side側のコンプはレシオ2：1、アタック14ms、リリース338ms、リダクション量は－1～－2dBくらい、メイクアップ・ゲインは＋2dBに設定。左右の音にはあまりコンプをかけず自然な感じに仕上げる設定です。このMidとSideの対比により、センター定位の音がパワフルに感じられると思います。

収録フォルダ PART8_2mix / マルチバンド・コンプ編

146A

ナチュラル系

素材ファイル: 146_2mix_multi_original.wav → 加工ファイル: 146A_2mix_multi1_comp.wav

	スレッショルド	レシオ	アタック	リリース	タイプ	メイクアップ・ゲイン	マスター・アウト
低域 217.5Hz以下	−16.0dB	3.2：1	148ms	1,244ms	PEAK	−0.4dB	1.4dB
中域 217.5Hz〜7.2kHz	−22.4dB	5.4：1	171ms	1,196ms	RMS	0dB	
高域 7.2kHz以上	−11.2dB	6.1：1	99ms	1,780ms	PEAK	−0.4dB	

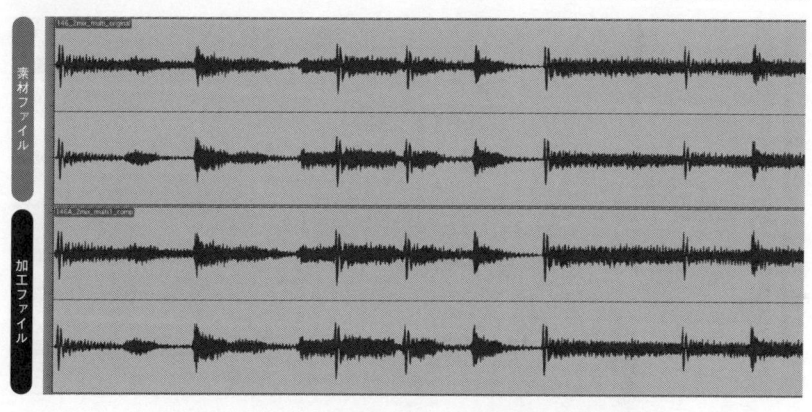

" キックにコンプ感を加えて躍動感を与える "

　ロック系2ミックスにマルチバンド・コンプをかけて自然な躍動感を加えてみます。低域は220Hz以下に設定し、レシオ3：1、アタック150ms、リリース1.2s、リダクション量は−3dBくらい、メイクアップ・ゲインは−0.4dBにします。これでキックの余韻にコンプ感が加わります。高域は7kHz以上でシンバルの余韻を伸ばして広がり感を出しましょう。レシオ6：1、アタック100ms、リリース1.8s、リダクション量は−1dBくらい、メイクアップ・ゲインは−0.4dB辺りにします。中域はレシオ5：1、アタック170ms、リリース1.2s、リダクション量は−2dB程度に設定。緩やかな反応のコンプで奥行き感を出します。マスター・アウトは1.4dBほど上げるといいでしょう。

収録フォルダ PART8_2mix / 146B / マルチバンド・コンプ 編

ボーカルをフィーチャー

素材ファイル 146_2mix_multi_original.wav → 146B_2mix_multi2_comp.wav 加工ファイル

	スレッショルド	レシオ	アタック	リリース	タイプ	メイクアップ・ゲイン	マスター・アウト
低域 250.5Hz以下	−18.4dB	3.7:1	148ms	1,149ms	PEAK	−1.4dB	
中域 250.5Hz〜3.7kHz	−32.0dB	3.6:1	138ms	593ms	RMS	2.2dB	1.0dB
高域 3.7kHz以上	−20.0dB	6.1:1	138ms	1,058ms	PEAK	1.8dB	

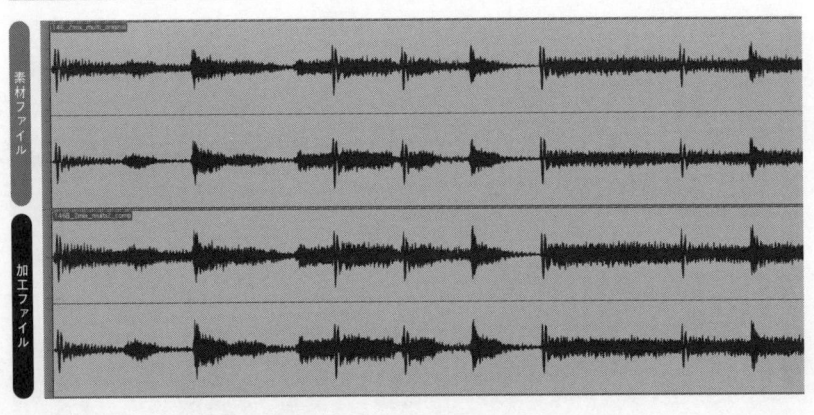

" 中高域を強調して張りのあるボーカルに "

　マルチバンド・コンプ加工第2弾は、ロック系楽曲の中高域を強調してボーカルに張りを持たせます。低域は250Hz以下でふくよかに広がる感じに調整しましょう。レシオ4:1、アタック148ms、リリース1.1s、リダクション量−4dBくらいで、メイクアップ・ゲインは−1.4dBです。高域は4kHz以上でレシオ6:1、アタック138ms、リリース1.1s、リダクション量−1dB、メイクアップ・ゲイン＋2dBで、ボーカルの余韻を伸ばし奥行き感を出します。中域ではリズミックでパワフルな感じを出しましょう。レシオ3:1、アタック138ms、リリース600ms、リダクション量−6dBで、メイクアップ・ゲインは＋2dBくらいです。マスター・アウトは＋1dB程度にするとよいでしょう。

収録フォルダ PART8_2mix / マルチバンド・コンプ 編

146C

低域を強調

素材ファイル: 146_2mix_multi_original.wav → 加工ファイル: 146C_2mix_multi3_comp.wav

	スレッショルド	レシオ	アタック	リリース	タイプ	メイクアップ・ゲイン	マスター・アウト
低域 91.8Hz以下	−31.2dB	4.4:1	118ms	696ms	PEAK	1.4dB	1.0dB
中域 91.8Hz〜6.2kHz	−25.6dB	5.4:1	53ms	769ms	RMS	0.4dB	
高域 6.2kHz以上	−18.4dB	6.1:1	86ms	1,343ms	PEAK	0.4dB	

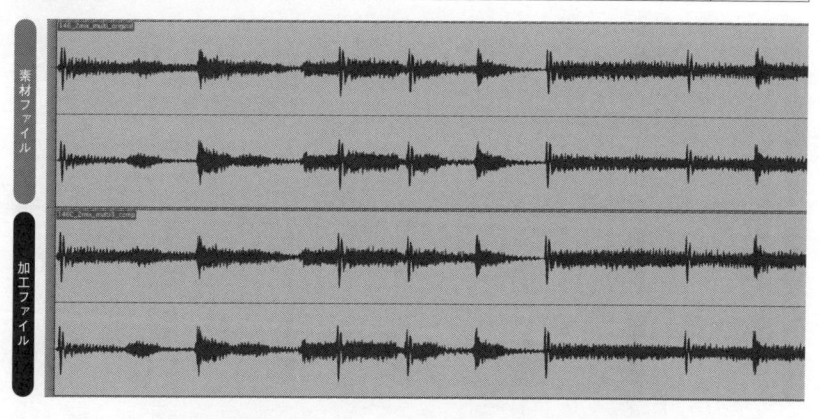

" 低域を強調してどっしりとしたビート感を出す "

　マルチバンド・コンプ第3弾はロック系楽曲の低域を強調し迫力を出します。低域は90Hz以下でキックの余韻に強めのコンプをかけ、どっしり感を出します。レシオ4:1、アタック118ms、リリース700ms、リダクション量−10dB、メイクアップ・ゲインは＋1.4dBくらいです。高域は6kHz以上でレシオ6:1、アタック86ms、リリース1.3s、リダクション量−1dB、メイクアップ・ゲイン＋0.4dBで、余韻を伸ばしゆったりとしたビート感を出します。中域は自然なコンプ感で低域と中域のビート感を合わせます。設定はレシオ5:1、アタック53ms、リリース770ms、リダクション量−5dB、メイクアップ・ゲイン＋0.4dBです。マスター・アウトは＋1dBほどにします。

収録フォルダ PART8_2mix

147A

音圧アップ①

素材ファイル 147_2mix_maxi_original.wav ➡ 147A_2mix_maxi1_maximize.wav 加工ファイル

マキシマイザー 編

スレッショルド	シーリング	リリース
−10.3dB	−0.1dB	11ms

※パラメーターはAVID Maximを基に作成しています。

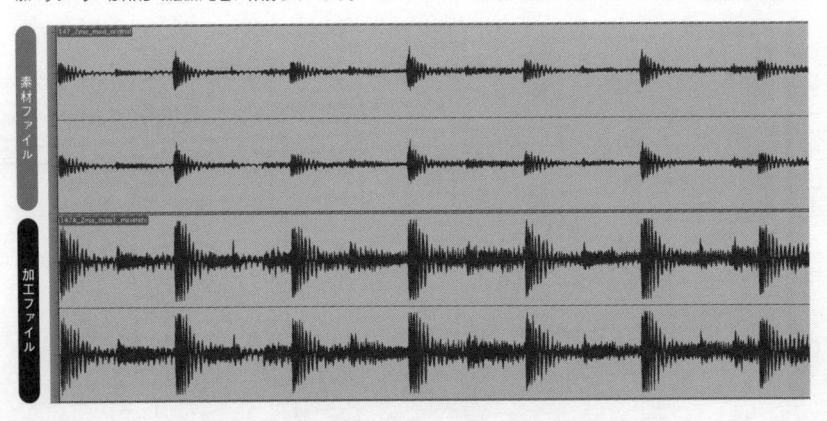

" スネア中心の設定で音量感をアップ "

クラブ・ミュージック系2ミックスにマキシマイザーをかけてスネアをパワフルにし、音量感をアップさせてみます。リリースは、スネアのビート感に合わせて歯切れ良くなるタイミングを探してみましょう。早めの11msくらいがよいと思います。スレッショルドはスネアが歪みすぎないギリギリのところまで下げてください。シーリングはクリップを防ぐために−0.1dBに設定します。なお、パラメーター表には掲載していませんが、ノイズ・シェイピング機能がある機種ではオンに、またトーン・コントロール的に働くビット・リゾリューション機能がある場合はノーマルな16ビットでよいでしょう。スネアの歪み感とビート感をよく聴きながら調整するのがコツです。

収録フォルダ PART8_2mix / マキシマイザー編

147B

音圧アップ②

素材ファイル 147_2mix_maxi_original.wav → 147B_2mix_maxi2_maximize.wav 加工ファイル

スレッショルド	シーリング	リリース
−10.6dB	−0.1dB	94ms

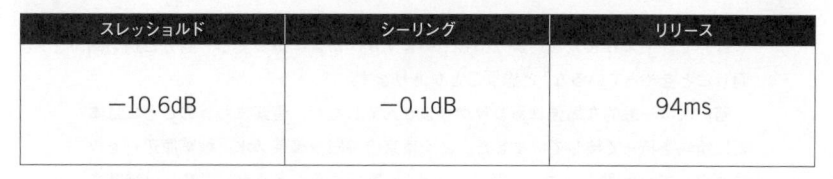

※パラメーターはAVID Maximを基に作成しています。

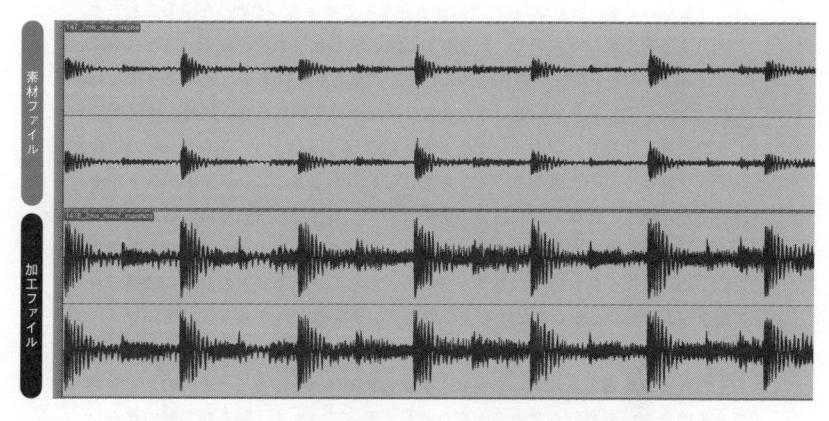

> **キック中心の設定でパワフル感を打ち出す**

　マキシマイザー編の第2弾は、クラブ・ミュージック系2ミックスのキックをパワフルにして、ボリューム感をアップさせます。リリースは低域が太く大きくなるように、キックのビート感に合わせて少し遅めの設定にします。94msくらいでよいでしょう。スレッショルドは、キックが歪んで聴こえないようギリギリの値まで下げていきます。−10.6dBくらいになると思います。シーリングはクリップ防止のために−0.1dBに設定してください。パラメーター表には掲載していませんが、ノイズ・シェイピング機能がある機種ではオンに、ビット・リゾリューション機能がある場合は20ビットを選ぶとよいでしょう。キックの歪み感とビート感に気を付けながら設定していきましょう。

おわりに

　自分ではあまり考えないようにしていますが、たまに気づくと"随分と長い間、同じことをやっているな"と思うことがあります。
　若い頃は一般的な勉強はあまりやりませんでしたが、音楽まわりのことには本当に情熱を持って接していました。よく東京の神田や御茶ノ水、秋葉原辺りをウロウロして、本屋、レコード屋、オーディオ屋をぐるぐるまわって楽しい時間を過ごしたものです。自分が将来、何になるかなんて考えもしなかった頃のことです。
　時間は正確に流れるもので、無理やり社会に押し出されそうになったとき幸運にも好きなレコード会社の録音部長に拾っていただき入社することができました。また、会社を辞めるときにはいろんな方に声をかけていただき、先輩の事務所に入ることができたり、フリーになるときには素晴らしいミュージシャンとの出会いがありました。不思議なもので、人生にはいろんなターニング・ポイントがある中でその都度、運なのか、自分の努力なのか、お世話になった人のおかげなのかよく分かりませんが、好きなことだけを、なぜかブレずにやってこれたのです。このことはすごく幸せで、もちろん嫌なこともたくさんありましたが、結構忘れてしまって楽しかったことだけをよく覚えていますし、現在も楽しい時間を過ごしています。
　そんな中で本書のお話をいただき、私が今までやってきたことをそのまま発表できる機会をいただけたことを大変うれしく思っています。私も諸先輩方からいろいろなことを教えていただき楽しかった思い出があるので、本書を読みながら音楽との楽しい時間を過ごしてもらえれば幸いです。
　いろんな人や物との出会いがあるなかで、大切な人や良い物とは離れられなくなり愛しくなるものです。皆さんも愛しく離れられなくなるコンプに出会えることを願っています。

2011年8月　早乙女正雄

PROFILE

早乙女正雄 Masao Saotome

アルファスタジオA、グリオを経て現在はフリーランスで活躍するエンジニア。半野喜弘、AOKI takamasa、星野源、持田香織、Jazztronik、豊田道倫など、幅広いジャンルにおける豊富な録音／ミックスの経験を持ち、特に近年は半野喜弘、大橋トリオとの緊密なコラボレーションで知られている。プライベート・スタジオの構築にも造詣が深く、AOKI takamasa、AZZURROの諸作ではマスタリング・エンジニアとしても手腕をふるっている。自ら"おたく"と語るほどのコンプ好きで、VALLEY PEOPLE 440をはじめとする各種のハードウェア・コンプを所有。

Photo: Takashi Yashima

スグに使えるコンプ・レシピ
DAWユーザー必携の楽器別セッティング集

2011年8月25日　初版発行
2021年7月30日　第6版発行

定価2,090円（本体1,900円＋税10％）

著者：早乙女正雄
発行人：松本大輔
編集人：野口広之

デザイン・DTP：折田烈（餅屋デザイン）
表紙写真撮影：鈴木千佳
表紙ノート作成：斎藤ひろこ（ヒロヒロスタジオ）
編集担当：永島聡一郎

印刷・製本：中央精版印刷株式会社
DVD-ROMプレス：株式会社JVCケンウッド・クリエイティブメディア

発行所：株式会社リットーミュージック
〒101-0051　東京都千代田区神田神保町一丁目105番地

乱丁・落丁などのお問い合わせ
tel. 03-6837-5017　fax. 03-6837-5023
e-mail. service@rittor-music.co.jp
受付時間　10:00-12:00、13:00-17:30
（土日、祝祭日、年末年始の休業日を除く）

本書の内容に関するお問い合わせ
e-mail. info@rittor-music.co.jp
本書の内容に関するご質問は、Eメールのみでお受けしております。お送りいただくメールの件名に『スグに使えるコンプ・レシピ』と記載してお送りください。ご質問の内容によりましては、しばらく時間をいただくことがございます。なお、電話やFAX、郵便でのご質問、本書記載内容の範囲を超えるご質問につきましてはお答えできませんので、あらかじめご了承ください。

書店・取次様ご注文窓口：リットーミュージック受注センター
tel. 048-424-2293　fax. 048-424-2299

ホームページ：https://www.rittor-music.co.jp/

©2011 Masao Saotome　©2011 Rittor Music, Inc.
Printed in Japan　ISBN978-4-8456-1967-2
落丁・乱丁本はお取り替えいたします。
本書記事の無断転載・複製は固くお断りいたします。

DVD-ROM INDEX

FOLDER NAME	CONTENTS	PAGES
PART1_kc_sn_tom	第1章：キック／スネア／タム	P039
PART2_drum_percussion	第2章：ドラム・キット＆パーカッション	P087
PART3_drum_various	第3章：ドラムへの応用例	P133
PART4_bass	第4章：ベース	P147
PART5_guitar	第5章：ギター	P167
PART6_keyboard	第6章：キーボード	P197
PART7_vocal	第7章：ボーカル	P209
PART8_2mix	第8章：2ミックス	P221

- 付属DVD-ROMに収録されているWAVファイルは、すべて16ビット／44.1kHzです。
- 各ページのパラメーター表は素材ファイルを0dBのフェーダー位置に設定して、加工した場合の値です。
- 一部のファイルには録音時のノイズが聴こえるものもあります。
- 付属DVD-ROMの収録内容は著作権上、個人的に利用する場合を除き、無断で複製、上映、放送、配信等に利用すること、またネット等を通じて再配布することを禁じます。

■音源制作：穴井正和（Cosmic Factory Inc.）、松井望
■ギター：長谷川哲史
■ボーカル：武村麻実
■機材協力：株式会社コルグ
■音源加工：早乙女正雄

©2011 Rittor Music, Inc.